重特大灾害事故应急处置
典 型 案 例

应急管理部干部培训学院　编

应 急 管 理 出 版 社

· 北 京 ·

内 容 提 要

　　本书精选近年来发生的典型重特大灾害事故案例，每个案例包括事故灾害的基本情况及特点、应急处置的主要做法、经验教训及实践启示等内容。特别是结合当前应急管理工作现状，针对灾害事故的应急准备、现场指挥机构建立、应急救援力量和装备等资源调派、现场处置救援及保障等方面，提出思路性举措和针对性意见建议，具有很强的实用性和指导性。

　　书中部分案例已由应急管理部干部培训学院选入基层应急管理实践和典型灾害事故案例专题网络课程，供各级应急管理干部自主学习。

　　本书适用于各级应急管理干部、专业或社会应急力量、企事业单位以及高校相关专业师生学习研究参考，也适合作为安全生产、防灾减灾救灾等相关教学培训中的案例教学参考。

前　言

　　人类历史上每一次重特大灾害事故，无不蕴含着深刻教训。开展重特大灾害事故应急处置典型案例研究，分析研判重特大灾害事故的规律和特点，提炼总结灾害事故应急处置的经验教训，是深入学习贯彻党的二十大精神和习近平总书记关于应急管理重要论述的具体措施，对加快推进应急管理体系和能力现代化具有重要意义。

　　受应急管理部救援协调和预案管理局委托，应急管理部干部培训学院组织部分地方应急管理局、消防救援总队、森林消防总队和高校，研究完成"国内外重特大灾害事故应急处置典型案例"课题，研究成果得到了应急管理部救援协调和预案管理局及评审专家的高度肯定。为更好地满足应急管理研究、干部教育培训和社会应急力量培训等对典型事故案例进行剖析复盘的需要，应急管理部干部培训学院进一步组织梳理研究成果，编辑出版形成本书。

　　本书由应急管理部干部培训学院组织编写，贾科任主编，武连军任副主编。参与本书编写和修改工作的人员主要有：应急管理部干部培训学院张瑞华、甄妍、尚丽娜、周兴藩、郑琰、谢景山，浙江省应急管理厅胡尧文、梁威，广东省应急管理厅李俊鹏，海南省应急管理厅卢安邦，四川省应急管理厅曾凡伟、李成、王焦，西藏自治区应急管理厅曾强，内蒙古自治区锡林郭勒盟应急管理局贾长胜、范爱军，云南省临沧市应急管理局窦盛荣、罗平，上海市消防救援总队唐树江，海南省海口市消防救援支队黄森泽、汤凯，西藏自治区森林消防总队李亮，天津市应急管理事务中心万益、潘一，安徽省应急管理宣传教育中心丁斌，湖北省应急管理宣传教育中心詹晓玲、杜军，陕西省安全生产宣传教育中心唐鹏飞、段卫宾，四川轻化工大学尚建平，长安大学高启栋，江西理工大学彭频、张庆晓。全书由郑琰负责统稿。

特别感谢应急管理部救援协调和预案管理局指导。感谢应急管理部人事司副司长周刚林，中央党校（国家行政学院）应急管理培训中心"一带一路"风险治理教研室主任、教授游志斌，国家自然灾害防治研究院研究员、科技委主任刘传正，在每个案例的深入深化研究中均给予了指导，提出了许多宝贵的修改意见和建议。应急管理出版社、北京中安环宇技术培训有限责任公司对本书的顺利出版给予了大力支持。在此，谨向所有给予本书帮助支持的单位和同志表示衷心的感谢。

应急管理部干部培训学院

2024 年 4 月

目　　录

上海静安"11·15"特别重大 火灾事故案例

2010年11月15日14时16分,上海市静安区胶州路728号公寓大楼发生火灾,上海市应急联动中心接到报警后,立即调集静安、宜昌、北京、车站、长宁、金桥、国和、内江等45个消防中队和3个战勤保障大队、122辆消防车(其中水罐车74辆、抢险车17辆、举高车14辆、照明车8辆、装备保障车8辆、油料保障车1辆)、1300余名消防救援人员赶赴现场进行扑救。15时22分,火势得到控制,18时30分,明火熄灭。此次火灾,因无证电焊工违章操作引起,过火面积约12000平方米,造成58人死亡、71人受伤。消防救援人员成功疏散和营救被困人员160余人,有效保护了毗邻建筑和人员安全。

一、基本情况及主要特点

(一)基本情况

1. 建筑情况

胶州路728号公寓大楼为钢筋混凝土结构,地上28层、地下1层,高度约85米,建筑面积18470平方米。使用性质为商住两用楼,底层为商业网点,共有租赁单位5家,2~28层为居民住宅,标准层每层6户,共156户。发生火灾时,该幢建筑及毗邻的2幢高层居民住宅正在进行节能综合改造项目施工。

2. 毗邻情况

公寓大楼东侧相距 20 米为正在进行节能综合改造施工的高层居民楼（28 层），南侧相距 18 米为小区配电房（2 层），西侧毗邻胶州路，北侧毗邻余姚路。

3. 当日气象

多云，气温 9~12 ℃，风向东北风，风力 4~5 级。

（二）主要特点

1. 呈现立体燃烧，风助火势肆虐

着火建筑四周被脚手架严密包裹，脚手架所采用的竹篱笆脚踏板及尼龙防护网都是易燃材料，且外墙装饰采用可燃的环保节能聚氨酯泡沫，导致起火后火势在短时间内迅速发展，并受到高空强劲的风力以及火场小气候等因素的综合影响，迅速在建筑外墙形成大面积、立体燃烧。同时，强烈的辐射热及飞火也对毗邻建筑构成了严重威胁。

2. 火势突变迅速，烟囱效应强烈

大楼外部脚手架燃烧的火焰通过建筑开启的外窗，以及在火势熏烤下外窗玻璃爆裂，迅速引燃室内可燃物，并发生轰燃，导致多楼层同时着火，甚至出现跳跃式燃烧，火势内外呼应，异常凶猛。烟囱效应是高层建筑火灾最显著的特点，火势猛烈阶段烟火垂直蔓延速度可达 8 米/秒，高热烟气通过大楼内竖向管井迅速向上层蔓延，直至顶层，造成整幢建筑大范围充烟，特别是疏散楼梯间，严重影响人员疏散和灭火作战行动。

3. 外攻行动受阻，内攻突破受限

该大楼地处老城区，周边道路狭小，交通繁忙，火灾发生时，不仅消防登高作业面有限，而且救援车辆很难快速接近火场。另外，外墙脚手架也严重制约了消防外攻作战行动和灭火效能，猛烈燃烧坠落的竹篱笆造成大楼地面堆积的大量装修材料大面积燃烧，升腾的浓烟和火焰封锁了居民地面疏散楼梯间出口，多数居民被迫受困于室内，紧闭防盗门,这与消防救援人员要在有效疏散时间内营救被困人员产生了极大矛盾,直接导致 260 多人陷于非常危急待救的险境。

4. 火场环境复杂,扑救异常困难

脚手架尼龙防护网和外墙装饰聚氨酯泡沫都是高分子材料,着火后产生的浓烟高温将整幢大楼笼罩;钢管脚手架长时间受高温作用,随时有整体变形、倒塌危险;高温炙烤导致外墙面砖大面积剥落和窗户玻璃破碎坠落,严重威胁地面消防救援人员和作战车辆的安全;消防救援人员利用疏散楼梯间登高救人,能见度低,体力消耗大;利用有限空间的疏散楼梯铺设水带,内攻与疏散救人行动发生严重冲突;公寓大楼内可燃物多,火灾荷载大,燃烧热值高。以上诸多因素使火场面临非常复杂的局面,给消防救援人员登高灭火救人、迅速组织大流量火场供水带来了极大困难。

二、处置概况及分析

(一)快速响应,集中优势兵力于火场

接警后,市应急联动中心在第一时间内迅速调集 45 个消防中队、122 辆消防车、1300 余名消防救援人员及各级指挥员赶赴现场,同时立即启动应急预案,调集公安、供水、供电、供气、医疗救护等 10 家应急联动单位紧急到场协助处置,迅速成立了以市委书记、市长为总指挥的市级应急救援现场指挥部,全面组织展开大规模灭火救援行动。

(二)强攻登楼,全力营救遇险人员

14 时 25 分,首批消防力量到场后,火场指挥部面对火场呈现大面积、立体燃烧,大量人员被困的严峻局面,确定全力救人是火场的主要方面,迅速组织 15 个攻坚组冒着浓烟高温和生命危险,强行登楼,利用室内消火栓快速出水控火,打通和开辟救生通道,在第一时间内成功疏散和抢救了 107 人至地面;增援力量及总队指挥员到场

后，针对立体燃烧加剧，楼内未完全疏散的居民面临十分险恶的境地，又迅速组织了 45 个攻坚组，突破烟火封锁，深入火场内部，逐层逐户敲门或破门，营救遇险人员，经过 4 个小时的艰苦鏖战，又抢救出了 50 余名被困人员和 53 名遇难者。严酷的火场环境也造成了 75 名消防救援人员不同程度的受伤，10 余人入院接受治疗。

（三）强力堵截，切断火势发展蔓延

面对立体燃烧产生的大量坠落物，引燃地面装修材料并通过脚手架的连廊向正在施工中的东侧高层居民建筑蔓延的态势，火场指挥部认为，堵截火势向东侧高层居民建筑蔓延，避免"火烧连营"的严重后果，是火场的另一主要方面。及时在南侧建筑空地上部署举高消防车，在东南侧地面设置移动炮和水枪，在东侧高层居民建筑顶层布置枪炮阵地，密集堵截火势在毗邻建筑间蔓延。同时，在下风方向 200 米范围内设置两道防御力量，分别保护小区配电房和邻近高层建筑，以便及时扑灭飞火。上述措施有效避免了灾情进一步扩大和危害加剧。

（四）内外合击，全面压制肆虐火势

火场指挥部针对建筑内外全面燃烧的态势，果断采取合击战术。在建筑内部强攻救人的同时，消防救援人员利用室内消火栓系统以及疏散楼梯间、建筑外墙、空中横向架设等，组织供水线路，逐层设置水枪阵地，内攻近战，短兵相接，与火魔展开殊死搏斗。另外，火场指挥部还组织了 13 辆举高消防车从建筑物外部不同部位出水，抑制火势，内外合击，有效控制了燃烧强度和范围。

（五）科学计算，组织大流量集中供水

根据火场燃烧面积和火灾荷载等情况，火场指挥部经科学计算，共组织了 27 路供水线路直达起火建筑和东侧毗邻建筑，先后设置移动水炮 7 门、水枪 89 支。此外，还组织了 20 路供水线路向 14 辆各类举高消防车（云梯车、曲臂车）配套供水，有力地保证了火场攻坚灭火所需的水量和水压。

三、救援经验总结

（一）战术合理，靠前指挥，最大限度减少伤亡损失

此次火灾是一起边施工边使用的非典型性高层居民建筑火灾，受风向、装修材料等影响，短时间由外向内形成大面积、立体燃烧，现场高温浓烟积聚、外部登高作业面受限，这些都给灭火救援行动带来了重大困难和挑战。火场指挥部结合现场情况，对火场指挥员进行科学编组，分段分工负责，将疏散救人、内攻灭火、堵截设防、破拆排烟、火场供水、战勤保障、联动协调任务分配到各个战斗段。各级指挥员靠前指挥，勇于负责，以顽强的意志、过硬的作风，坚决把牢关口，在最短时间内控制了火势，减少了人员伤亡。

（二）英勇顽强，连续作战，彰显消防铁军风采

面对建筑物高、燃烧面积大，作战时间长、体能消耗大等诸多不利因素，全体参战官兵冒着不断下落的玻璃碎片和燃烧的外墙装饰物，顶着浓烟、高温、烈焰和死亡的威胁，果断内攻、寸土不让，与火魔展开殊死搏斗，按照战斗任务分工，死守岗位，克服疲劳，连续奋战4个多小时，直至彻底消灭火灾，彰显了上海消防铁军的风采。

（三）战勤遂行，靠前保障，提供有力作战支撑

起火建筑地处上海市中心区域，火灾发生时正值下班高峰期，车流量大，交通困难。总队后勤部门第一时间启动应急响应预案，迅速出动3个战勤保障大队，技术保障车、器材装备保障车、油料运输车等9辆战勤保障车辆相继赶赴火场。为灭火战斗及时提供了1200只空气呼吸器钢瓶、200余张无齿锯锯片、100余套防盗门组合破拆工具，以及其他3000余件装备器材。同时，总队应急通信保障分队也奉命到场，全方位做好现场支持服务，为灭火作战行动提供了强有力的支撑。

四、工作启示

（一）要进一步加强举高装备的配备应用

据统计，上海现有高层建筑 6.6 万幢，超高层建筑上千幢。作为外攻灭火和救人的主要装备，云梯、曲臂、高喷等举高车辆在质和量上都要进行提升，强化"高精尖"装备配备应用，形成与高层建筑现状相适应的结构配备合理和技术性能先进的装备体系。

（二）要进一步深化高难复杂火灾的技战术研究

高层建筑火灾扑救是世界性难题，不能拘泥于常规火灾扑救理论和战术方法的掌握，更要注重对非常规火灾特点的认识和扑救战法的研究，着力开展理论创新，把握扑救规律，总结实战经验，提高应对能力。

（三）要进一步开展高难险恶环境下的攻坚训练

扑救大面积、立体火灾具有艰巨性，必须针对其特点，开展高温、浓烟、湿热、超极限等适应性训练，以打造铁军为契机，组织攻坚组开展梯次进攻、梯队掩护、强攻灭火等应用性训练，提高攻坚作战能力。

（四）要进一步丰富灭火与救人辩证关系的内涵

此次火灾扑救中，组织救人与灭火是积极有效的，但火灾毕竟造成了众多人员伤亡，需要对火场如何更加有效地实施救人行动进行深入思考，进一步理顺救人与灭火的辩证关系，使两者达到有机统一。

云南临沧"4·11"临双高速公路 天生桥隧道塌方事故应急处置案例

2023 年 4 月 11 日凌晨 4 时 20 分许，云南省临沧市双江自治县在建的临双高速公路天生桥隧道出口端左幅 ZK13+746 紧急停车带加宽处发生塌方，导致在掌子面施工的 7 名人员被困。在云南省委省政府和临沧市委市政府的坚强领导下，通过 47 小时的全力救援，至 4 月 13 日 3 时 29 分，7 名被困人员安全获救，救援工作取得圆满成功。

一、事故隧道基本情况

（一）时间、地点及损失情况

天生桥隧道位于云南省临沧市双江自治县勐库镇，是临沧市临翔区至双江自治县高速公路（以下简称"临双高速"）的在建隧道。临双高速起于临沧市临翔区博尚镇以西、临沧机场以东，与在建机场高速顺接，路线向西南布线，全线采用双向四车道高速公路标准，设计速度 80 千米/小时，整体式路基宽度为 25.5 米，分离式路基宽度为 12.75 米，路线全长 43.01 千米，核定概算投资 705240.38 万元。天生桥隧道标号 K11+060～K16+385，系特长隧道，事故发生在左幅，全长 5200 米，事故发生时进口端进尺 2576.8 米，出口端进尺 2592.4 米，进出口累计掘进 5169.2 米，剩余 30.8 米。

1. 事故发生时间

2023 年 4 月 11 日凌晨 4 时 20 分。

2. 事故发生地点

临双高速公路天生桥隧道出口端左幅 ZK13+746 紧急停车带加宽处。

3. 性质及损失

此次事故是一起岩体差异风化破碎导致的较大涉险事故，共造成 7 人被困，经全力救援，无人员伤亡，造成直接经济损失约 98.85 万元。

（二）事故发生及报告情况

1. 事故发生经过

2023 年 4 月 11 日凌晨 3 时许，施工单位 7 名工人正常进入天生桥隧道出口端左幅掌子面处安装初支拱架，凌晨 4 时 20 分许，出口左幅 ZK13+746 紧急停车带加宽处发生塌方，具体位于出口端左幅紧急停车带（ZK13+777～ZK13+727），致使在掌子面施工的 7 人被困。

2. 信息接报情况

事故发生后，涉事企业在组织开展自救的同时按要求上报相关部门，相关部门按规定逐级报告党委政府和上级业务主管部门。临沧市委市政府接报后，指派市委常委、常务副市长带领市县应急、交通、公安、卫健等部门人员和消防救援队、临沧矿山救援队（省、市级专业队伍）赶赴现场组织开展救援工作。

（三）事故特点

1. 塌方量大

天生桥隧道地处三江造山系，隧道地层岩性为印支期花岗岩，岩体受多期构造挤压影响，竖向构造节理发育，地表水易沿竖向构造节理下渗，导致岩体差异风化明显，风化层深度大，经计算，塌方长约 20 米、宽约 22 米，隧道空间被塌方体完全封堵，塌方量为 3000 立方米。

2. 塌方体结构松散

根据检测单位相关报告结论，判定 ZK13+759~ZK13+729 段围岩级别为 V 级；另外，塌方体整体不稳定，较为松散，随时可能发生次生灾害。

3. 被困人员生存空间狭小

塌方体内侧距掌子面约 29.4 米，空间封闭，被困人员多达 7 人，随时可能导致被困人员窒息。

二、应急救援情况

（一）工程企业应急响应

事故发生后，工程企业第一时间启动应急响应，展开先期救援。

1. 劳务公司应急响应

2023 年 4 月 11 日凌晨 4 时 25 分，公司接到隧道左幅塌方报告后，带班领导立即赶赴现场察看并布置现场应急救援相关工作。一是立即清点核实被困人员；二是安抚个人情绪，安排专门人员进行观测，防止次生灾害；三是组织机械设备和人员选择合适地点打通生命通道；四是及时报告事故情况及现场救援情况。

2. 总承包部应急响应

立即启动应急预案，成立以项目经理为组长的应急救援指挥领导小组，分设信息保障组、工程技术保障组、设备物资保障组、后勤保障组、资金保障组 5 个小组组织救援工作。一是采取从天生桥隧道进口端左幅掌子面往出口端塌方方向施工 2 个直径 108 毫米水平探孔，从天生桥隧道出口左幅往坍塌体上施工 1 个直径 108 毫米钢管，进口和出口同时推进，打通生命通道；二是及时报告事故发生情况；三是第一时间调集所需人员、物资和机械装备，按指挥部决策部署开展救援工作；四是根据指挥部安排，积极配合协助国家救援队开展救援工作。

3. 项目公司应急处置

一是立即组织相关人员赶赴事故现场，及时向有关部门报告事故发生情况；二是组织查看视频监控，研究现场塌方情况，核实塌方地点具体位置、人员被困位置，绘制现场平面图，为实施救援提供保障；三是督促项目总承包部从进、出口两端打通生命通道；四是按照指挥部统一安排，全力配合做好事故救援工作。

（二）党委政府统筹应急响应

事故发生后，云南省委书记、省长、常务副省长、分管副省长先后作出指示批示，要求全力搜救被困人员，科学施救、救人第一。省交投集团董事长，临沧市委书记、市政府市长立即赶赴现场统筹指挥救援工作。

迅速成立由临沧市委书记、市长以及应急管理部矿山救援中心、省交通运输厅、云南交投集团等相关领导担任总保障，市委常委、常务副市长担任指挥长，国家隧道应急救援中队中铁二局昆明队队长、临沧市消防救援支队长等有关单位负责同志担任副指挥长，市、县有关部门和项目公司有关负责人为成员的"4·11"临双高速天生桥隧道塌方应急救援指挥部，下设现场救援、救援专家、医疗保障、秩序维稳、新闻舆论引导、材料信息、事故调查、后勤保障、善后工作9个工作组，统筹组织开展应急救援工作。

市、县两级救援力量闻警而动，赶赴现场参与应急救援工作。国家安全生产应急救援中心、国家隧道应急救援中队中铁二局昆明队、省交通运输厅、省应急管理厅、省交投集团等相继派出专业救援力量和工作组赶赴现场指导救援工作。

（三）事故现场科学施救

此次救援紧密结合现场情况，遵循事故发生隧道从山脉中打通，救援也沿着山脉挺进的原则进行。

一是制定科学救援方案。现场救援指挥部成立后，先后召开5次会议，对救援方案进行会商研判，并结合现场情况、专家意见，确定

"两主一备"救援方案并立即执行。"两主"是指在隧道左幅进口端通过实施小导坑掘进、在出口端使用大口径水平钻机钻进救援,从两端同时向被困区域打通救援通道;"一备"则是在出口端做好小导坑掘进打通救援通道的准备。

二是分秒必争打通生命通道。根据确定方案,进口端由中铁隧道局王家寨隧道项目部救援团队前往现场参加救援。4月11日8时许,第一根生命管道打通并向内输气;4月11日11时许,管道传来被困人员敲击声;4月11日14时40分,从洞内传来明显的敲击声音;4月11日17时许,第二根生命管道被打通并往洞内输送食品、对讲机和手电筒等物品;4月11日17时50分,救援人员通过对讲机与洞内7名人员取得联系,7人均未受伤,生命体征良好;4月11日18时许,洞内人员通过生命管道传出字条"有7人,全部安全,吃的、水、手电",救援人员继续通过生命管道向洞内输送食品、水和手电筒等物品。逐步给被困空间落实照明,建立视频观测,开展音视频连接等。

三是现场指挥调度有力有效。4月12日15时、4月12日19时50分,国家安全生产应急救援中心副主任、应急管理部副部长先后对事故救援情况进行视频调度,视频查看人员被困区域和救援施工作业区域有关情况,要求结合现场情况,全力实施救援。各支救援力量接到指令后,分秒必争抓落实。根据安排,出口端由国家隧道应急救援中队中铁二局昆明队负责,对坍塌体反压回填,施作 ϕ620毫米大孔径钻机作业平台。4月12日6时30分,完成 ϕ620毫米大孔径水平钻机作业平台、锁口施工;4月12日23时58分,天生桥隧道左洞出口端大直径钻孔救援通道洞口打通,4月13日2时58分,内钻杆全部撤出,优化外管伸出长度,形成救援通道,国家隧道应急救援中队中铁二局昆明队4名队员进入洞内营救被困人员;3时25分,第一名被困人员被救出;3时29分,7名被困人员全部被救出,经现场医务人员初步检查,7名被困人员生命体征平稳,情绪稳定。从事故发生至4月13日凌晨救援结束,各级各部门赴现场的有关领导一直坚守岗位，组织协调救援及保障工作。

四是做实应急救援组织保障。据统计，此次救援共投入救援力量610余人，其中，专业应急救援人员150人，技术专家10人，辅助配合救援人员370人，医护人员20人，公安交警60人。主要专业救援设备有：雷达生命探测仪2台、"鹰眼"视频探测仪1台、ϕ620毫米大口径水平钻机1台、专业应急救援车13台、通信车2辆（移动、电信）、装载机8台、挖掘机6台、罐车4辆、自卸车8辆、ϕ89毫米钻机2台、救护车6辆、警用车辆6辆、交通车辆15辆；储备床100张、帐篷60顶、棉被200床、矿泉水200件、各类食品500件；无缝钢管200米、原木100根、方木110立方米、木板10立方米、木楔900个，抓钉、铁钉等足量。同时，协调电力、通信部门建立供电、通信紧急保障措施，双江自治县政府专门安排1名领导负责救援后勤保障工作。

五是坚决防止次生灾害。监控量测人员实时对隧道拱顶、边墙以及救援现场二氧化碳浓度等进行连续监测，及时对监控数据进行分析研判；地质物探人员采用地质雷达对坍方体进行地质探测，探明坍方体及周边围岩情况，为救援工作提供支撑；属地公安、交警对现场实施交通秩序和安全管控。专人专班负责对被困人员疏导身心，保障其情绪稳定和食物供给。

（四）应急救援难点

1. 救援距离远

一方面，事发隧道处于山区，距昆明600多千米、临沧市50多千米、双江自治县城30千米，各专业救援力量赶赴救援距离较远。另一方面，事发时隧道完成进口端进尺2576.8米、出口端进尺2592.4米，救援力量从洞口到作业现场两边均超过2.5千米。

2. 次生灾害风险大

事发地段围岩级别为Ⅴ级，塌方体整体不稳定，较为松散，随时可能发生次生灾害。

3. 危险情况持续伴随

事发隧道属于拱形隧道，救援作业空间有限，在救援过程中又必须使用各种机械设备，虽然架设了通风管道，但高温、粉尘、二氧化碳超标等不利因素伴随救援全程，一直威胁着救援人员的生命安全与健康（图1）。

图 1　救援现场照片

三、处置经验及教训

（一）处置经验

1. 各级各部门高度重视

事故发生后，省、市、县各级党委政府高度重视，迅速组织展开救援行动。省委、省政府领导及时作出指示批示，要求"全力搜救被困人员，科学施救、救人第一"。临沧市委书记、市长，云南省交通运输厅厅长等领导赶赴现场指挥救援；应急管理部矿山救援中心、省交通运输厅、省应急管理厅、省交投集团相继派出专业救援力量和工作组赶赴现场指导救援。构建了"事发地党委政府统一领导，现场救援指挥部统筹协调，各专业救援力量、各级各相关部门及工程企业齐心协力、协调配合"的应急救援格局。

2. 救援方案科学高效

由应急管理部矿山救援中心、省交通运输厅、省应急管理厅、省交投集团、国家隧道救援中铁二局昆明队精心选派救援工作经验丰富高水平专家组成专家组，经现场勘查，精心研判制定了"两主一备"救援方案提供指挥部决策，保障了在高效救援的同时兼顾防止次生灾害和保护救援人员安全。

3. 救援力量优势互补

国家隧道应急救援中队中铁二局昆明队、市县国家综合性消防救援队伍以及临沧矿山救援中心等救援力量闻令而动，整个救援行动在指挥部的统一领导下有序开展。国家隧道应急救援中队中铁二局昆明队充分发挥专业救援设备的作用，利用大孔径水平钻机进行作业，承担救援主要工作任务；市县消防救援专业力量迅速搭建现场指挥部，并利用4G单兵设备保障救援音视频连接；工程企业调集自身力量及时打通生命通道，向被困人员提供补给和开展身心疏导，在隧道左幅进口端通过实施小导坑掘进，保障救援隧道通风等。

4. 要素保障充分到位

此次应急救援实现了国家、省、市、县、镇五级联动，市县应急管理、消防救援、交通运输、公安、矿山救援队、施工单位、医疗卫生等多部门和机构参与，其他相关职能部门做足了供电、通信、后勤等要素保障，参战力量达610余人。

（二）事故教训

一是相关单位在项目建设过程中对安全生产管理工作重视不够，监理、施工单位均存在隧道施工关键岗位、关键人员、合同约定人员未到场，在场资格不满足合同规定要求等情况。

二是施工单位对隧道施工安全保证措施落实不到位，存在未规范设置逃生管道、未配备应急物资柜、二次衬砌至掌子面距离过大等情况。

三是工程单位落实进出隧道人员实名制登记制度不到位，存在代登、漏登情况。

湖北十堰艳湖社区"6·13"重大燃气爆炸事故应急处置案例

2021年6月13日6时42分许，湖北省十堰市张湾区艳湖社区集贸市场发生一起燃气爆炸事故，造成26人死亡、138人受伤，直接经济损失5395.41万元。通过对该事故应急指挥和处置情况的分析，以总结经验教训，不断优化突发事故现场管理体系，改进应急管理工作。

一、事故概况

事故调查组认定，湖北省十堰市张湾区艳湖社区集贸市场"6·13"重大燃气爆炸事故是一起重大生产安全责任事故。

1. 形成密闭空间，遇明火引发爆炸

涉事故建筑物东南角下方河道内D57×4中压天然气管道，紧邻芙蓉小区排水口，受河道内长期潮湿环境影响，且管道弯头处防腐未按防腐蚀规范施工，导致潮湿气体在事故管道外表面形成电化学腐蚀，腐蚀产物物料膨胀致使整个防腐层损坏，造成管道腐蚀，加上管道企业未及时巡检维护，整改事故隐患，导致管道壁厚逐步减薄造成部分穿孔。泄漏的天然气在河道内密闭空间蓄积，形成爆炸性混合气体。泄漏点上方的聚满园餐厅炉灶处于燃烧状态，炉灶上方吸油烟机将炉灶火星吸入直径40厘米的PVC排烟管道直排至河道密闭空间，引爆密闭空间内爆炸性混合气体，致事故发生。

2. 违规建设造成事故隐患

2005 年 3 月，东风燃气公司未经主管部门审批同意铺设涉事故管道（D57×4），此时涉事故管道尚未下穿涉事故建筑物。2008 年 10 月，东风燃气公司违规对涉事故管道中压支管进行局部改造，改造后的事故管道穿越涉事故建筑物下方的密闭空间，形成安全隐患（图1）。

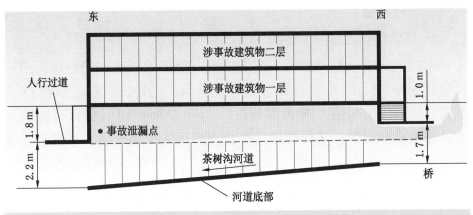

图 1　涉事故建筑物桥下河道空间天然气泄漏示意图

3. 隐患排查整改长期不落实

在涉事故管道的使用中，先后作为营运维护单位的东风燃气公司和十堰东风中燃公司多年来未能消除隐患。尤其是十堰东风中燃公司负责涉事故管道巡线人员自公司成立至事发，从未下河道对事故管道进行巡查。此外，先后作为承担城镇燃气安全监管职责的住建部门、城管部门亦未认真履行监管职责。对属于特种设备的涉事故中压金属燃气管道，市场监管部门未依法履行监察职责。

4. 企业应急处置存在严重错误

十堰东风中燃公司应急管理责任不落实，应急预案流于形式，应急反应迟缓，企业主要负责人没有赶往事故现场指挥应急处置；抢修队员第一次进入现场未携带燃气检测仪检测气体；不熟悉所要关闭的阀门位置，只关闭了事故管道上游端的燃气阀门，未及时关闭事故管道下游端的燃气阀门以便保持管道内正压和防止回火爆炸；未按企业预案要求采取设立警戒、禁绝火源、疏散人员、有效防护等应急措施；在燃爆危险未消除的情况下，向公安、消防救援人员提出结束处置、撤离现场的错误建议，严重误导现场应急处置工作，以致事故未能避免发生。地方政企之间应急联动机制不完善，基层应急处置能力不足、经验不够。

5. 物业管理混乱

润联物业安全管理制度未落实，没有督促承租商户严格执行房屋租赁合同中约定的"禁止在经营场所内使用明火做饭、过夜留宿"条款，将房屋出租给"聚满园餐厅"等7户商户经营餐饮，造成了火星违规排至河道；未提醒制止部分商户留人夜宿守店，结果夜宿守店的4名人员在爆炸事故中死亡；此外，还将东西两端的违建商铺出租。

二、现场应急处置概况

（一）爆炸前应急处置情况

6月13日5时38分及5时53分，十堰市110指挥中心（以下简称110指挥中心）、消防救援支队119指挥中心（以下简称119指挥中心）分别接到报警："41厂菜市场河道下天然气管道泄漏"。110指挥中心立即指令东岳公安分局南区派出所两名值班民警出警处置，119指挥中心立即通知十堰东风中燃公司抢险。

5时54分至6时10分，东岳公安分局张湾消防中队（以下简称张湾消防中队）2辆消防车、12名消防员出警。值班民警及各消防队员实施现场警戒及路口封闭。此过程各方发现桥下大量黄色雾状气体往外涌。

6时30分至38分，两名值班民警和十堰东风中燃公司抢修队员进入桥下河道观察处置。随后，抢修队员告知公安、消防人员处置结束、可以撤离，民警提出在现场继续观察并警戒 15 分钟。119 指挥中心要求继续做好现场安全监护。

6 时 38 分至 40 分，两名民警从桥下上到桥面，继续实施现场警戒和劝离群众。

6 时 42 分 1 秒，发生爆炸。

(二)爆炸后救援处置情况

爆炸发生后，省委书记、省长和十堰市主要领导赴现场指挥救援工作。在现场指挥部统一指挥下，投入大量警力进行现场封控、交通管制，对周边 3000 户居民逐户排查、转移安置。救援人员从严重坍塌的废墟中搜救出被埋压群众 38 人，其中生还 12 人、死亡 26 人。在涉事故建筑物周边受伤的 126 人均及时送往医院治疗。截至 6 月 16 日 2 时 40 分，现场废墟全部清理完毕，现场搜救结束，累计清理核心主体建筑废墟 4000 余平方米。

坚决贯彻全力抢救伤员的重要指示，全力救治 138 名受伤人员。国家、省调集 87 名医疗专家，十堰市投入医务人员 1100 余人，组建国家省市联合医疗专家组，对 37 名重症伤员落实一人一专班，实行多学科诊疗和高质量护理，尽最大努力降低死亡率和致残率，不惜一切代价挽救生命。对伤员和遇难者家属，及时抽调 58 名心理专家进行心理疏导。对事故区域受灾居民及时进行妥善安置，全力做好转移安置点环境消杀、疾病监测、饮食饮水卫生保障。组织专家对事故现场及周边建筑物结构安全进行评估，对核心区周边房屋进行修缮，综合评估各方条件后有序组织群众回迁。

三、事故处置经验、教训及启示

(一)事故处置经验

1. 应急救援力量保障到位

在十堰艳湖社区"6·13"重大燃气爆炸事故中，先后共调派消防救援力量 220 人、投入警力 1200 余人及大型搜救设备、生命探测仪、搜救犬等，紧急开展搜救。调集国家、省、市医疗专家及医务人员近 1200 人组成医疗专家组，另抽调 58 名心理专家对伤员和遇难者家属进行积极救治和心理疏导。在供电保障方面，在十堰市委市政府的统一领导下，国网湖北电力统筹调配力量，快速恢复供电，全力满足现场事故救援用电需求；在通信方面，组织开展抢修，持续做好本次重大事故的通信网络和服务保障工作。在其他物资保障方面，为保障事故救灾物资以及受害群众物资充足，十堰市启动了应急物资的调度工作，最大限度保障物资供给。同时还有部分物资来源于社会捐赠，缓解了事故期间物资不足的情况。

2. 应急处置科学有效

从调查报告来看，省委书记、省长和十堰市主要领导赴现场指挥救援工作，十堰市委、市政府成立应急救援现场指挥部，并在指挥部下分设 8 个工作小组，分别是综合组、现场抢救组、伤员救治组、安全稳定组、事故调查组、网络舆情组、后勤保障组、危房鉴定组（图 2）。

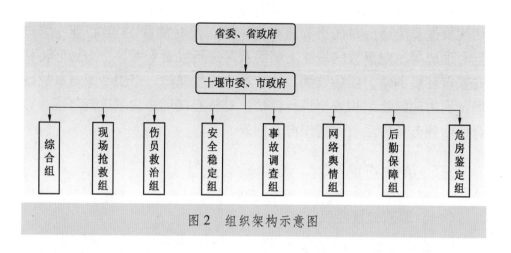

图 2　组织架构示意图

事故发生后，指挥部立即行动，及时组织人员，形成紧密的协作机制，确保信息畅通、指挥有序。其中事故调查组下设综合组、技术组、管理组、审查调查组，并聘请有关方面的专家担任顾问、邀请国内燃气管道设计和运行、火灾、特种设备、安全等方面的专家参与事故调查工作，以保证救援处置工作能有秩序地、最大限度地挽救生命；同时对遭受事故危害的附近街区民众做适当疏导和安排；对受害人亲属及被害人员做好安抚及善后处理等工作；组织调查事故原因并进行责任追究；并对事故周边住所进行安全鉴定，包括对水、电、燃气等进行风险排查，全方位开展救援工作。

3. 党政社企联动汇聚合力

应急联动响应机制是影响危机应对效果的重要环节。事故发生后，党中央第一时间对事故救援作出重大指示，要求把保障人民生命安全摆在首位，尽全力抢险救援，尽量减少人员伤亡，同时要求加紧调查事故爆发原因，把安全责任追究落实到位。并在现场指挥部的统一领导和指挥下，迅速调派当地及周边的应急救援力量，紧急开展现场的人员搜救工作。各层级政府部门、相关垂直管理部门、相关企业、非营利组织以及社会公众在事故应急响应处置过程中各主体间较好的联动协同，共同协助开展紧急救援工作，主动积极地参与到事故应急中来，为事故应急响应以及恢复提供了大量的协助力量。为确保受害者的赔偿问题，与十堰市金融局共同组建"6·13"重大燃气爆炸事故保险理赔应急处理专班，统筹市内保险机构迅速开展紧急理赔工作，辖区内各保险机构第一时间奔赴事故现场，配合协调当地进行事故的救助，并积极进行保险的排查和理赔；在爆炸发生初始，不少市民冒着生命危险，积极参与第一波现场搜救，而另外一些社会救援组织也积极加入救援中，进一步增强了救助力量；在很多伤员因失血严重，用血量巨大，血库告急时，十堰市中心血站号召民众自发献血，并在得知血库血量不足时，市民踊跃报名献血，有效缓解了血库压力。

在此次事故中，十堰市政府无论是在事故响应阶段还是事故善后阶段都采取了很多优秀的举措来应对，有效降低了事故伤亡率，减少了经济损失，同时也让社会大众见证了政府面对突发事件的应急效率，提升了政府的公信力。

（二）事故处置教训

1. 党委政府属地责任亟待加强，央企和地方党委政府安全生产联动机制不畅，未及时有效地疏散人员

事故报告显示，6月13日5时38分，接到群众报警反映河道桥洞内天然气泄漏，随后当地公安、消防、燃气企业和社区工作人员陆续投入资源开展应急处置。至6时42分爆炸发生，未开展有效人员疏散，造成人员伤亡。在事故报告中，对于燃气公司、上级管理公司、物业管理公司及其所属企业，都存在应急预案流于形式、形同虚设，没有开展燃气泄漏专项应急演练的问题。在事故发生后的现场应对和处置中，暴露出了事发相关各企业、地方政府、消防救援和公安机关的职责界定、应急衔接和指挥权移交等问题，没有发挥出应急联动效应。导致现场应急没有统一指挥，关键人员没有发挥作用，错误信息误导救援行动，部门之间无有效的沟通协调，抢险救援处于无序状态。

2. 企业安全主体责任缺失，未有效检测探边、管控明火

在整个应急处置过程中，燃气公司应急人员没有及时检测出泄漏事发区域的燃气浓度和受泄漏影响的区域边界，为警戒及人、火管控提供依据。同时事发现场没有严格管控明火的措施，在未彻底确认安全的条件下，餐饮商户就自行进店点火做饭，事故报告中此次爆炸的点火源就是排油烟管道排到建筑物下方河道内的火星。

3. 应急救援能力亟待提升，应对突发事件能力明显不足

燃气公司应急反应迟缓，企业主要负责人没有赶往事故现场靠前指挥；该公司分管安全的负责人未取得相应的安全管理资格证书；抢修队员缺乏安全自我保护意识，第一次进入现场没有携带燃气检测仪检测气体浓度；抢修人员不熟悉应急抢险处置流程，错误地建议公安、消防救援人员结束处置、撤离现场，严重误导现场应急处置工作；从事运维抢修人员的41人中，仅20人持有燃气经营企业从业人员专业培训考核合格证书；巡线班组负责人从未参加过巡线业务培训，不了解巡线职责，不会使用燃气检测仪；巡线班组仅有的4台燃气检测仪中，3台存在故障。群众对城镇燃气泄漏等突发事件危险性认识严重不足，猎奇围观心态普遍，缺乏自我防护意识、知识和能力。应急救援预案不完善，应急救援机制不健全，应急救援演练不落实，应急救援教育不深入。

（三）事故启示

从"6·13"重大燃气爆炸事故应急处置的过程来看，要做好应急处置工作，必须建立健全工作机制，提高应急处置的制度化、规范化、程序化水平。

1. 将人员疏散列为燃气泄漏应急处置的重点环节

城镇燃气设施分布在城镇的各类场所，涉及千家万户和企业，一旦发生泄漏，不论燃气企业，还是政府、公安、社区和消防、燃气抢维修等专业机构，都应该首先疏散燃气泄漏爆炸可能的最大影响范围的人员，将可能的人员伤害风险减到最小。为了有效指导疏散工作，燃气企业就要针对各类场所、不同管径压力燃气管道最大泄漏可能情况，计算爆炸的最大可能危害半径，按爆炸最大可能危害半径明确不同场所警戒和人员疏散范围。

2. 给第一时间到达现场的基层应急处置人员授权

针对燃气企业当前运行机制，第一时间到达燃气泄漏现场的基本是基层客服中心的维修值班人员，特别是夜间只有1名维修值班人员的现状，必须授权其停供燃气、启动紧急程序的应急处置权限；必须明确其第一时间发出人员疏散通知，告知疏散范围，开展人员疏散和道路封锁的权限；必须为其配置人员疏散、封锁、警戒的报警高音喇叭、警戒装备等设备设施；必须明确可能危害未消除前，不能保证自身安全的前提下，不进入泄漏危害范围内开展抢修作业的权利。

3. 建立城镇燃气泄漏应急处置预案各层级各方面的有效衔接机制

城镇燃气泄漏应急处置在企业内部会涉及上下游管段和场站，在社会层面，要涉及燃气客户和城镇管理的相关部门、机构和专业应急救援队伍，因此，城镇燃气泄漏处置预案或方案应做好与相关单位部门应急预案的衔接，如做好企业内部各层级预案的衔接，企业内部相关单位预案的衔接，与燃气客户应急预案的衔接，与政府部门、机构及相关队伍应急预案的衔接，与燃气设施周边企业应急预案的衔接，明确信息沟通和指挥权移交程序，避免相互依赖或相互推脱，并且定期开展联动演练，以保障紧急情况应急处置的联动效应。

4. 建立"零"容忍的隐患判定标准和处置要求

城镇燃气企业必须根据隐患的可能后果严重程度，建立"零"容忍隐患判定标准，如类似"6·13"重大燃气爆炸事故中的管线通过密闭空间等隐患，就属于"零"容忍隐患。针对"零"容忍隐患，就应该明确立即整改的处置要求，不能立即整改的，就应该报告政府相关部门采取停止供气措施，最大限度保障人身安全。

5. 完善巡线管理措施，消除隐患排查的盲区

开展城镇燃气管线日常无盲区巡线，及时发现隐患和处置异常状态是城镇燃气企业的基本职责，针对不少燃气企业将巡线工作委托给第三方机构或临时雇用人员，监管时常不到位，巡线人员因线路上的障碍、困难经常难以做到及时完成巡线检查，导致巡线隐患排查工作流于形式，出现巡查盲区的问题。燃气企业应加强巡线管理，细化巡线要求，完善定位和无人机等巡线监控技术装备，以确保巡线和隐患排查及时到位。

天津港"8·12"瑞海公司危险品仓库特别重大火灾爆炸事故应急处置案例

　　2015年8月12日23时30分许，天津市滨海新区天津港瑞海国际物流有限公司（简称瑞海公司）危险品仓库发生特别重大火灾爆炸事故，随即开展了人员搜救、伤员救治、环境监测、现场清理、受灾群众临时安置、事故调查、信息发布、善后处理等一系列工作。2016年2月5日，事故调查报告正式发布。通过对该事故应急指挥与处置情况的分析，以总结经验教训，不断优化突发事故现场管理体系，改进应急管理工作。

一、事故概况及主要特点

　　2015年8月12日22时51分46秒，位于天津市滨海新区吉运二道95号的瑞海公司危险品仓库运抵区最先起火，23时34分6秒发生第一次爆炸，23时34分37秒发生第二次更剧烈的爆炸。事故形成6处大火点及数十个小火点，8月14日16时40分，现场明火被扑灭。

　　此次事故的主要特点有：一是两次化学反应型爆炸破坏性大。两次爆炸分别形成一个直径15米、深1.1米的月牙形小爆坑和一个直径97米、深2.7米的圆形大爆坑。爆炸冲击波波及区东侧最远达8.5千米，西侧最远达8.3千米，南侧最远达8千米，北侧最远达13.3千米。二是爆炸核心区易燃易爆化学物质种类多且污染物成分复杂。事故造成至少129种化学物质发生爆炸燃烧或泄漏扩散，其中，氢氧化钠、硝酸钾、硝酸铵、氰化钠、金属镁和硫化钠这6种物质的重量占总重量的 50%。事故残留的化学品与产生的二次污染物逾百种，对局部区域的大气环境、水环境和土壤环境造成了不同程度的污染。三是事故应急处置情况复杂。既有危险化学品火灾扑救，又有建（构）筑物和堆垛倒塌的抢险救援，同时还有危险化学品泄漏扩散的侦检、洗消、防爆、防化、防疫、防污染等工作。

二、现场处置概况及分析

（一）应急处置概况

1. 爆炸前灭火救援处置情况

8 月 12 日 22 时 52 分，天津市公安局 110 指挥中心接到瑞海公司火灾报警，立即转警给原天津港公安局消防支队。与此同时，原天津市公安消防总队 119 指挥中心也接到群众报警。接警后，原天津港公安局消防支队立即调派与瑞海公司仅一路之隔的消防四大队紧急赶赴现场，原天津市公安消防总队也快速调派开发区原公安消防支队七大街中队赶赴增援。后根据现场情况，增派多支消防力量赶赴现场救援。至此，原天津港公安局消防支队和原天津市公安消防总队共向现场调派了 3 个大队、6 个中队、36 辆消防车、200 人参与灭火救援。

2. 爆炸后现场救援处置情况

此次事故涉及危险化学品种类多、数量大，现场散落大量氰化钠和多种易燃易爆危险化学品，不确定危险因素众多，加之现场道路全部阻断，有毒有害气体造成巨大威胁，救援处置工作面临巨大挑战。国务院工作组组织开展了搜救失踪人员、伤员救治、现场清理、环境监测、善后处置和调查处理等各项工作。一是研究部署应对处置工作，协调解决困难和问题。协调调集防化部队、医疗卫生、环境监测等专业救援力量，及时组织制定工作方案，明确各方职责，建立紧密高效的合作机制，完善协同高效的指挥系统。二是深入现场了解实际情况，调整优化救援处置方案，尽力搜救、核查现场遇险失联人员，救治受伤人员，进行现场清理，监测现场及周边环境，防范次生事故发生。三是统筹善后安抚和舆论引导工作，协调有关方面配合地方政府做好3万余名受影响群众的安抚工作，开展社会舆论引导工作。四是组织开展事故调查，开展现场勘验、调查取证、科学试验等工作，尽快查明事故原因。

（二）事故应急救援处置情况分析

在事故应急处置方面，存在纵向不同层级之间"收"与"放"、横向不同主体"分"与"合"、不同时间段上"专"与"兼"等大难题。

1. 多层级："收"与"放"

在纵向多层级"收"与"放"关系上，我国明确了分级负责、属地管理为主的原则。此次事故发生地虽然涉及交通运输部、天津市政府、天津港集团公司等，事故严重复杂，国务院工作组于13日凌晨赶到现场，但根据"分级负责、属地管理为主"的原则，应急处置工作原则上应由天津市政府牵头组织实施，国务院工作组和中央部门、军队、武警等提供指导、协调、支持。虽然在13日凌晨1时左右成立了抢险救援总指挥部，但因各方权责关系未能完全理顺。8月17日晚召开的国务院工作组和天津抢险救援指挥部联席会议强调：天津市要加强组织领导，按照"三严三实"的要求，勇于担当、敢于负责，切实担负起事故处置的主体责任，统筹做好救援救治和经济社会发展各项工作。

2. 多主体："分"与"合"

在横向多主体"分"与"合"关系上，我国明确了统一领导、综合协调的原则。事故发生后，现场救援处置人员达1.6万多人，来自多个部门、多个地区以及军队、武警等不同系统，需要建立以天津市政府为主的强有力的统一指挥机构。在事发初期，各相关机构和部门纷纷成立应急指挥部，相互间沟通协调不够。例如，原公安部消防局设立抢险救援公安消防前方指挥部，原国家安全监管总局设立现场指挥部，武警部队参谋长率武警总部前方指挥组赴一线组织指挥部队行动，原北京军区成立以参谋长为首的前方指挥组。在抢险救援初期，部门之间、条块之间、军地之间没有建立很好的对接配合机制，存在冲突、卸责的情况。又例如，8月17日，原国家安全监管总局官方网站首页刊载了2012年12月11日交通运输部发布的《港口危险货物安全管理规定》，该规定明确港口危险货物安全管理由"港口行政管理部门"负责。虽然国务院2011年发布的《危险化学品安全管理条例》（国务院令第591号）第十二条将涉危险品建设项目的安全审查责任划给了交通部门，但该条例第六条又明确了"安全生产监督管理部门负责危险化学品安全监督管理综合工作"，原天津市安监部门在天津港各港区也设有安全生产监督检查站。在8月19日上午召开的第九场新闻发布会上，天津港集团总裁讲道，天津港集团与瑞海公司是坐落在同一区域的没有隶属关系的两家企业。实际上，天津港集团为天津港"港区企业管理单位"，对辖区内经营企业负有安全生产监管等职责；企业下属的规建部，主要负责天津港范围内的建设规划，是2013年瑞海公司改建项目的批复单位之一。8月18日，以天津警备区为主组建联合救援部队指挥部，担负起事故救援部队的统一指挥任务，统一指挥救援任务区内的陆、海、空军和武警部队。

3. 多阶段："专"与"兼"

在多阶段"专"与"兼"的关系上，各国一般都坚持标准响应、专业处置的原则。事故发生后，在标准响应、专业处置方面面临不少难题，抢险救援的制度化、规范化、科学化水平有待提高。例如，在研判方面，"消防力量对事故企业存储的危险化学品底数不清、情况不明，致使先期处置的一些措施针对性、有效性不强"。在指挥控制方面，13日凌晨1时左右天津成立抢险救援总指挥部，下设事故现场处置组、伤员救治组、保障维稳群众工作组、信息发布组、事故原因调查组五个工作组；实际上，《天津市危险化学品事故应急预案》（津政办发〔2014〕44号）对此有更加具体明确的规定，这些规定不为领导熟悉，应急预案也未能起到"预先的行动方案"的作用。在信息发布方面，"事故发生后在信息公开、舆论应对等方面不够及时有效，造成一些负面影响"。

三、事故应急处置经验及启示

（一）事故应急处置经验

1. 现场应急资源充足

在"8·12"瑞海公司危险品仓库特别重大火灾爆炸事故中，共动员现场救援处置的人员达 1.6 万多人，动用装备、车辆 2000 多台，其中解放军 2207 人、装备 339 台；武警部队 2368 人、装备 181 台；原公安消防部队 1728 人、消防车 195 部；公安其他警种 2307 人；安全监管部门危险化学品处置专业人员 24 人；天津市和其他省区市防爆、防化、防疫、灭火、医疗、环保等方面专家 938 人。

2. 事故现场指挥部处置科学高效

天津市委、市政府成立了"事故救援处置总指挥部"，下设现场指挥部，其组织架构如图 1 所示。

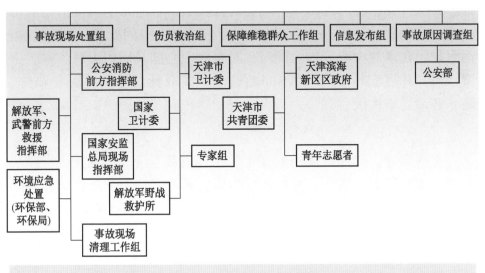

图 1　组织架构示意图

指挥部确定了"确保安全、先易后难、分区推进、科学处置、注重实效"的原则，把全力搜救人员作为首要任务，以灭火、防爆、防化、防疫、防污染为重点，统筹组织协调解放军、武警、公安以及安监、卫生、环保、气象等相关部门力量，积极稳妥推进救援处置工作。

3. 专业化救援力量协调有力有序

公安部先后调集河北、北京、辽宁、山东、山西、江苏、湖北、上海 8 省市原公安消防部队的化工抢险、核生化侦检等专业人员和特种设备参与救援处置。原公安消防部队会同解放军（北京军区卫戍区防化团、解放军舟桥部队、预备役力量）、武警部队等组成多个搜救小组，反复侦检、深入搜救，针对现场存放的各类危险化学品的不同理化性质，利用泡沫、干沙、干粉进行分类防控灭火。

4. 现场清理工作科学有效推进

按照排查、检测、洗消、清运、登记、回炉等程序，科学慎重清理危险化学品，逐箱甄别确定危险化学品种类和数量，做到一品一策、安全处置，并对进出中心现场的人员、车辆进行全面洗消；对事故中心区的污水，第一时间采取"前堵后封、中间处理"措施，把污水封闭在事故中心区内。同时，对事故中心区及周边大气、水、土壤、海洋环境实行 24 小时不间断监测，采取针对性防范处置措施，防止环境污染扩大。

（二）事故应急处置启示

整体来看，爆炸后现场处置工作中没有发生重大次生衍生事故，没有发生新的人员伤亡。在爆炸发生后，面对复杂的危险化学品事故现场，当地政府协调组织各方面力量科学施救、稳妥处置，全力做好人员搜救、伤员救治、隐患排查、环境监测、现场清理、善后安抚等工作。但是，事故救援处置过程中也存在不少问题，需要改进提升。从此次事故应急处置过程来看，要做好应急处置工作，必须建立健全工作机制，提高应急处置的制度化、规范化、程序化水平。

1. 建立健全权责对等的属地管理机制

要根据灾情级别实行分级负责,总结多年经验,抢险救援和应急救助工作一般以地方为主,便于就近统一指挥、提高效率,中央给予必要的帮助。面对突发事件,要根据"分级负责、属地管理为主,权责对等、高度授权"的要求,按照上下级之间基于职责岗位而不是级别权力进行有效协作的原则,推进应急指挥权向属地倾斜。明确上级协调、指导、督促的职责,减少事发现场因各方高层领导涌入导致多头管理、重复指挥等现象的发生。明确属地总体负责、全权指挥的职责,赋予地方与该职责相匹配的权力,减少属地在事发后第一时间消极等待上级指示而贻误最佳救援时机现象的发生。

2. 建立健全集中有力的统一指挥机制

在突发事件应对处置的各项工作中,必须坚持由各级人民政府统一领导,实行统一指挥。按照就近统一指挥的原则,进一步明确地方各级政府负责本地区突发事件应对工作的责任主体,赋予地方政府对参与抢险救援相关部门和机构的指挥权、协调权。完善应急指挥部的组织结构、指挥程序和指挥方式,推进应急指挥部标准化建设。从法规制度、应急指挥、信息共享、救援力量、后勤保障、联演联训等方面,进一步完善应急救援军地协同机制,细化地方对参与抢险救援的军队、武警等的指挥权、协调权。

3. 建立健全分工协作的现场指挥机制

建立分级分类突发事件现场指挥机构的组建、运行和调整机制,细化指挥部各单位责任分工,进一步明确现场指挥权、行政协调权划分及指挥权交接的条件、程序和方式。积极推广突发事件现场指挥官制度,进一步明确现场指挥官的职权、成立条件和运转程序。根据"谁先到达谁先指挥,依法逐步移交指挥权"的原则,建立现场动态灵活的应急指挥机制,规范现场指挥权的交接方式和程序。进一步加强突发事件现场管理,建立突发事件现场标识应用机制,强化现场处置统筹协调,实现高效有序协调处置。

4. 建立健全科学规范的专业处置程序

从先期处置、启动响应、赶赴现场、情况研判、现场先期处置、决策部署、救援与处置、善后工作等方面，规范各级各类突发事件应急处置工作程序。建立以风险评估为基础的预案编制程序和以发现问题为导向的应急预案演练模式，切实提高应急预案的针对性、实用性、操作性。建立标准化、科学化的应急响应启动程序，提高各级应急管理人员特别是各级领导干部对应急预案和应急处置程序的认同度、熟悉度，提高应急响应的规范化、制度化水平。建立独立、专业、权威的突发事件评估机制，根据现实情况不断调整完善专业应急处置程序。

广东珠海石景山隧道"7·15"重大
透水事故救援处置案例

2021年7月15日凌晨3时30分许，广东珠海市香洲区境内，中铁二局集团有限公司承建的兴业快线（南段）石景山隧道施工段1.16千米位置发生透水事故，造成14名作业人员被困。在现场总指挥部统一指挥下，在消防救援队伍、地方专业队伍、社会救援队伍通力协作、密切配合、夜以继日，连续奋战176小时，打赢了一场有力有序有效的救援战。

一、事故隧道基本情况

石景山隧道段为双洞六车道，隧道采用三心圆断面，断面外轮廓高10.997米，宽15.107米。该隧道采用矿山法沿3%纵坡向下施工，事故发生时，隧道左线施工长度为1162米，右线施工长度为1157.6米。透水事故发生在右线隧道掌子面处，位于吉大水库下方，该段隧道埋深约19米。吉大水库总库容267.11万立方米，事故发生时，该水库水位在30.67米，库容量为68.77万立方米。石景山隧道及事故位置剖面图如图1所示。事故发生段隧道横断面如图2所示。

二、应急救援情况

（一）迅速启动应急响应

7月15日3时许，事故发生。4时，中铁二局三公司立即成立应急救援领导小组。7时，珠海市成立现场救援指挥部。8时，省应急

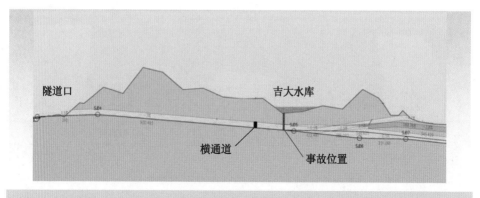

图1 石景山隧道及事故位置剖面图

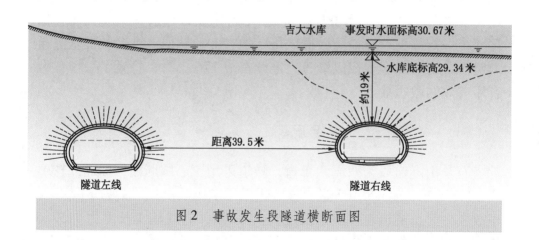

图2 事故发生段隧道横断面图

管理厅工作组抵达珠海，迅速搭建省应急管理厅前方指挥部；同时在省应急管理厅成立后方指挥部，通过视频联动指挥调度救援工作，按需调配各方队伍、专家、物资等输送前线。11时，成立以常务副省长任总指挥长的现场救援指挥部，统筹指挥现场救援各项工作。

（二）科学制定救援方案

事故发生段隧道拱顶上方地质构造复杂，节理裂隙极发育，具有导水性，基岩裂隙水与水库水体有水力联系，拱顶土体坍塌后，水库水通过塌腔不断涌入隧道，水量补给充分且难以阻断，再加上左右洞工作面窄，洞内通风条件有限，受困点处在隧道下坡段，作业环境极其恶劣。事故救援面临水文地质条件复杂、透水量大且补给丰富、隧道坍塌风险高、受困点处在隧道下坡段、隧道作业环境恶劣、台风暴雨叠加等诸多困难，救援难度高、现场情况复杂，在国内同类事故中罕见。针对事故特点和现场情况，现场总指挥部作出了"上堵下抽"的总体救援决策，制定了详细的救援方案，救援队伍认真落实各项措施，科学救援、安全施救。

同时，进一步优化救援方案。7月15日10时40分，隧道全部替换成3000立方米/时大流量龙吸水进行抽排作业；19时，建立"救援现场关键数据动态汇总表""救援现场水位实测数据动态曲线图"，每半小时更新一次隧道、水库等水位数据。7月16日，因隧道内存在一氧化碳等有害气体超标现象，增配轴流风机至6台，配备16名人员专班每半小时一次对洞内稳定性和有毒有害气体进行监测，并制定了《隧道口挡土墙应急防治方案》。7月17日，隧道抽排水设备实施"用二备一"，采取"龙吸水"排涝车串联接力方式，持续推进隧道积水抽排。7月18日，采用"双液注浆"技术24小时不间断作业，对隧道洞顶进行回填注浆。7月20日，建立每30分钟调度机制和"一套设备、一个班子、一个技术保障人员"工作机制。

（三）快速调集队伍和物资

7月15日10时20分，第一支救援队伍中山市应急管理局派出队伍到达现场；13时30分，福建侨龙公司救援队伍到达现场，第一批调动的13支队伍全部到达现场；14时21分，根据前方指挥部要求，增调河源市矿山救护队、江门市蓬江区城管局抢险队；14时41分，联系南航通航，做好运用直升机紧急运送水带的准备；18时30分江门队、20时35分河源队到达现场；18时，再次了解各队伍水带需求情况，经统计各队伍共需DN200水带2250米、DN250水带200米、DN300水带4000米；18时23分，接到前方缺水带的需求，联系广东三防、广州、深圳、东莞、惠州、中山、肇庆、阳江、江门，了解水带储存情况，下达调用指令；23 时 50 分，所需水带联系到位，其中 DN200 水带 2650 米、DN250 水带 200 米、DN300 水带 4170米；为快速将福建侨龙公司 DN300 水带运至珠海，深夜协调广铁集团，同意使用专列运送。整个救援过程中，共调集 69 支救援队伍、6968 名救援人员，携带 500 余套大型设备和 260 余辆救援车全力开展搜救工作。

（四）总体救援历程

2021 年 7 月 15 日至 22 日中午，在持续 176 小时的救援工作中，抽水总量约 60 万立方米，平均每天抽水约 7.5 万立方米。在洞内长时间段 200 人以上、最高峰 1000 多人同时救援作业的情况下，实现了未发生次生灾害，未发生衍生事故，未发生疫情，没有因处置不力造成不良社会影响。此次事故救援，省领导靠前指挥、科学决策，现场指挥部组织协调省内外有关单位、武警和专业队伍等各方面力量开展科学救援、安全施救。各方救援力量日夜奋战，现场救援处置措施得当，信息发布及时，善后工作有序，完成了一次"合力不合眼"的救援工作局面。

三、救援经验总结

（一）创新成立现场指挥部

第一时间成立省现场救援总指挥部，下设救援组等 7 个组，构建"五位一体"调度指挥体系，全面领导现场救援工作。常务副省长坐镇指挥部现场，连续多日不间断指挥救援，每隔 2~3 小时召开一次现场救援指挥部会议，听取进展、分析问题、部署救援工作。创新成立"三人协调指挥小组"，按职责分工指挥协调具体救援工作。建立由省应急管理厅、省消防救援总队和中铁二局相关负责同志组成的"三人协调指挥小组"，明确由总队统一调度指挥隧道内抽排和搜救工作，由省应急厅负责协调隧道外各类社会力量和车辆物资保障，中铁二局负责提供技术交底、专家支持和现场检测等，第一次实现了在大型救援现场消防救援队伍与应急管理部门、施工单位的深度融合、联动协同，最大限度发挥了现场指挥体系效能。此次事故救援，省领导靠前指挥、科学决策，现场指挥部组织协调省内外有关单位、武警和专业队伍等各方面力量开展科学救援、安全施救。

（二）应急救援迅速、科学、高效

一是排查封堵迅速。事故发生后 3 个半小时就迅速查找到了 3 个透水点，通过采取对透水点进行围堰、强抽与涵管放水相结合等措施降低水库水位，围堰合龙后采取往水库内回填、注浆等措施迅速封堵。针对在回填注浆中遇到的地下水丰富等情况，采用"双液注浆"技术，保证注浆效果。二是抽水排水高效。发挥 21 台大功率"龙吸水"的主力作用，不断优化抽排水方案，并实施一套设备一个专班管理。及时把"龙吸水"吸头入水位置从 15 米优化为 30 米，采用排涝车串联接力方式抽排水。通过实施"上堵下抽"方法，水位推进速率从初期的不到 5 米/小时提高至 10 米/小时以上，抽排水效率大大提高。三是抽排方式科学。组建由 19 名专家组成的强大专家团队，开展防坍塌地下水文系统分析模型、防渗漏模型、横通道封堵模型，对可能出现的透水、坍塌、有害气体浓度超标等问题作出预判。

（三）应急部门充分发挥"统"的作用

此次救援中发挥重大作用的"龙吸水"大型排涝车，据统计广东全省有 115 台，其中子母式 38 台，能够满足救援需要。作为应急部门，如何发挥好"统"的作用，整合利用好这些资源，有效投入救援中，是摆在应急部门面前的一大课题。此次救援共调动 26 支社会救援队伍，有的是凌晨打电话调动，没有一个讲价钱、谈条件，都是接到电话立马出发，闻令而动、听令而行。省抢险一队、福建侨龙公司、佛山菠萝救援队等主动请缨，第一时间赶往事发地域。救援现场有应急、水务、消防、公安、武警、卫健等部门以及志愿者共 46 支队伍 2500 多人，各类装备 500 多套，各类车辆 260 多辆。应急部门充分发挥了"统"的作用，统筹协调、统一调度、统一管理，确保了救援工作有力有序有效进行。

（四）综合运用应急通信及信息化技术

构建多方协同标绘辅助决策系统。多屏协同标绘辅助决策系统是利用模拟数字沙盘技术，将专业制图作为底图导入前线指挥系统，实现对灾害救援现场平面图的图层叠加，快速导入平面图、设计图等图片格式的内容，并以独立的图层基于 GIS 进行展示。发挥"应急指挥一张图"融合支撑作用。注重发挥科技作用，运用应急指挥通信车、侦察无人机、建模无人机、移动图传单兵、mesh 自组网、LTE通信、卫星便携站等高精尖应急通信保障设备，迅速架设前方指挥部；通过 3D 建模无人机完成灾害事故现场 VR 全景图绘制，架设布控球实时回传隧道内救援视频图像信息，实现洞内洞外通信畅通、实时会商、全省调度。持续开展声呐探测、水下机器人探测、蛙人潜水摸排、无人船探寻，实现精准定位、专业搜救。

（五）成功统筹搜救与台风防御

7 月 18 日，第 7 号台风"查帕卡"加强为热带风暴（10 级），前方针对珠海"7·15"事故制定防风专项预案，逐时研判救援现场台风、降雨形势，加强与专家组会商，提前安排防汛防风措施。同时，针对全省大型排涝设备集中到珠海救援的情况，组织其他地市提前安排应急排涝力量，全力做好内涝防御工作。前后方联动，后方持续跟进台风动向，严格落实防风五个 100% 防御措施，每小时持续发布台风"查帕卡"动态及吉大水库区域风雨信息。前方加固隧道口挡土墙，并对洞面进行防渗处理。出动清疏车、吸污车等装备，清理有安全隐患的树木，防止发生内涝。

四、下步建议

1. 完善应急预案，确保救援高效有序

督促类似长隧道以及地铁隧道等相关单位，要结合实际制订完善

专项应急预案，明确现场指挥部的组成和职责，充分发挥条块作用，理顺各工作组运行机制，确保救援高效、有序进行。

2. 切实提升应急处置能力，有效避免人员伤亡

对于隧道工程施工单位，一是要建立完善隧道内坍塌突水预警报警自动触发系统，设置应急广播设备和应急信号灯，及时提示风险，疏散人员；二是要建立监控指挥中心，增设隧道内视频监控设备，确保隧道内外顺畅沟通；三是要建立完善人员定位系统，随时掌握隧道内人员数量、分布等情况。要认真开展特殊作业、高危作业人员安全培训教育，增强安全意识，四是提高安全操作技能和避险逃生能力。对于政府部门，要针对不同类型的事故特点，组织开展有针对性的应急演练，要进一步强化应急联动，确保事故发生后能迅速响应、高效处置、有力救援。

3. 加大重要应急物资储备，配套重点应急设备

这次救援中水带是从各个地方收集，省"三防"仓库储备不够用。广东省作为防汛防台风的重点地区，应当加大水带这种常用防汛物资的储备量，汛期还要做到以车代库，以便随时调用。应急指挥车为指挥部的开设、前后方的联通、救援的指挥起到了重要作用，充分说明特种装备在救援中能够发挥关键作用，建议下一步可配套宿营车、炊事车、淋浴车、厕所车等装备。

安徽省马钢公司脱硫装置"2·6"较大坍塌事故应急处置案例

2022年2月6日10时16分许，安徽省马鞍山市马鞍山钢铁股份有限公司炼铁总厂（南区）带式焙烧机工程脱硫装置除尘器灰斗发生一起较大坍塌事故，造成4人死亡，2人受伤，直接经济损失706.5万元。

一、事故发生经过及处置难点

2020年8月，马鞍山钢铁股份有限公司（简称马钢公司）在马鞍山市花山区发展改革委备案"马钢球团产线升级改造——炼铁总厂（南区）带式焙烧机工程"项目（简称带焙工程），该项目位于炼铁总厂烧结二分厂东区。

该项目的工程设计、采购、施工（EPC）总承包单位为中钢集团工程设计研究院有限公司（简称中钢设计院），监理单位为马鞍山博力建设监理有限责任公司（简称博力监理公司），安全预评价单位为中钢集团马鞍山矿院工程勘察设计有限公司（简称中钢马矿院）。脱硫脱硝项目为该工程的环保配套设施，中钢设计院将该项目的设计、施工、安装调试等分包给马钢集团设计研究院有限责任公司（简称马钢设计院），马钢设计院再将脱硫脱硝设备的详细设计、制造供货、安装、调试、人员培训等分包给中钢集团天澄环保科技股份有限公司（简称中钢天澄公司），中钢天澄公司中标后将该项目的钢结构和设备安装分包给安徽诚建环保设备科技有限公司（简称安徽诚建公司)，PLC 及配套网络设备分包给浙江华章自动化设备有限公司武汉分公司，设备的安装调试、人员培训工作分包给江苏沃森环保科技有限公司（简称江苏沃森公司），包括流化槽在内的返料斜槽系统供货分包给南京优标环保科技有限公司（简称南京优标公司）。

带焙工程的脱硫脱硝项目于 2021 年 3 月 20 日开工建设，同年 11 月 30 日完成交工验收并进入试生产阶段。截至事故发生时，带焙工程（含脱硫脱硝项目）未组织开展安全设施竣工验收。2021 年 11 月 8 日，马钢公司和中冶宝钢技术服务有限公司（简称中冶宝钢公司）签订工序（工作量）委托合同，2022 年 1 月 1 日，双方签订环保设施托管运营合同，由中冶宝钢公司负责脱硫脱硝项目的运营和设备设施维护、维修。脱硫装置除尘器 D 灰斗在运行过程中发生事故。事故项目有关单位关系如图 1 所示。

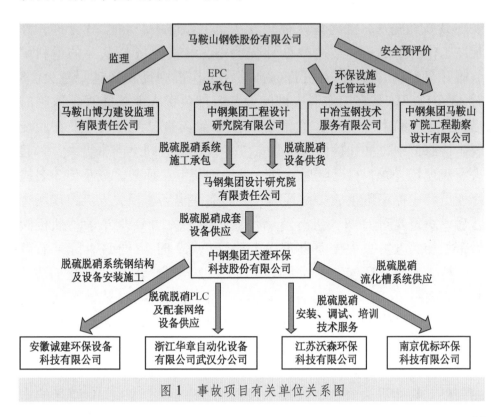

图 1　事故项目有关单位关系图

（一）事故发生经过

2022 年 2 月 6 日 7 时许，中冶宝钢公司协力分公司马钢环保事业部脱硫脱硝运营作业区丁班班长沈某华发现灰斗流化风机电流持续下降。7 时 29 分，沈某华将灰斗流化风机 A 电流趋势图发在微信工作群中，并加大消石灰进料量。7 时 58 分许，丁班和丙班交接班，沈某华告知丙班班长林某灰斗流化风机电流和吸收塔床压下降，须关注电流并注意吸收塔床层。8 时 1 分许，林某发现灰斗流化风机电流和吸收塔床层持续下降，便将中控界面截图和灰斗流化风机电流趋势图发在微信工作群中，同时安排班组成员朱某庆前去检查灰斗流化风机皮带是否工作，安排班组成员付某和孙某前去检查灰斗状况。8 时 3 分许，作业长陈某看到林某发在工作群中的相关图片后，要求林某往吸收塔中一直加消石灰，并注意及时停水泵。8 时 19 分许，孙某发现 D 灰斗漏灰，并将漏灰视频发送至工作群中。8 时 23 分许，陈某在工作群中要求林某把 D 灰斗先倒空，林某便将 D 灰斗的返料调节阀开至 100%。8 时 24 分许，孙某在工作群中反映灰越漏越大。8 时 38 分许，陈某在工作群中询问设备管理负责人尤某能否采取临时措施封堵。8 时 39 分许，尤某将 D 灰斗漏灰的视频和照片发在脱硫脱硝检修群中，并让检修人员鲁某宝等人先行会同生产班组人员一起去漏灰现场查看，自己随后就到，随后鲁某宝、孙某、戴某传 3 名检修人员和中控室班组成员付某等人一起前往现场。相关人员经现场查看后，决定要对 D 灰斗进行清堵作业，付某关闭 D 灰斗手动插板阀后带领相关人员去中控室办理设备检修单。9 时 17 分许，陈某看到工作群中林某发送的中控界面实时截图后，要求林某暂时停止加消石灰并观察一下。9 时 27 分许，陈某在工作群中要求林某继续加消石灰至消石灰仓内剩余 100 吨时停止。9 时 40 分许，付某经过 4 层 D 灰斗区域，点检员黎某茂让付某在检修单上签字，付某签字后留在现场，尤某及相关检修人员开始检修。鲁某宝打开灰斗下方的观察孔，用一根工具伸进去查探，发现一根长约 35 厘米、宽约 10 厘米的木板，便将其取出，在确认无异物后，戴某传负责关闭观察口，鲁某宝和孙某去打开 D 灰斗手动插板阀。10 时 16 分许，在打开插板阀的过程中，D 灰斗舱体发出"咔咔"声，现场检修人员听到后立即撤离，D 灰斗瞬间发生崩裂，大量脱硫灰从底部倾泻而出，尤某、付某、黎某茂、孙某 4 人被脱硫灰冲击坠落在二楼平台，戴某传被脱硫灰掩埋。事故发生建筑如图 2 所示。

图 2　事故发生建筑（俯视图）

（二）应急处置难点

本起事故的 D 灰斗处于四层平台上（图 3），且处于 F、B 灰斗中间位置，灰斗瞬间崩裂导致几百立方米的粉尘大量倾泻，使在平台上作业的人员来不及逃生，完全被埋压其中。平台位置处于距地面十几米的高空中，面积狭小，D 灰斗两侧的 F、B 灰斗紧邻，受到平台面积、框架结构既有空间的限制，不利于组织大量人员展开清理作业，且考虑被埋压人员的安全，不能使用大型机械设备清理开挖，依靠救援人员借助简单工具甚至徒手清理，大大影响救援效率。事故 D 灰斗破坏情况如图 4 所示。

图3　灰斗四层平台（由南向北拍摄）

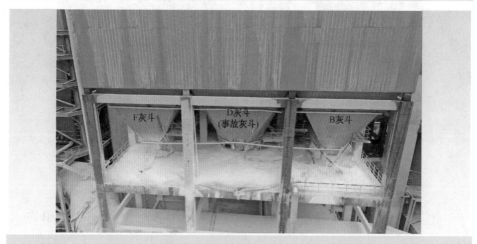

图4　事故D灰斗破坏情况（由北向南拍摄）

二、现场处置概况

（一）事故报告情况

2月6日10时39分，马钢炼铁总厂带式焙烧机脱硫脱硝系统现场集中控制中心将事故信息报告炼铁总厂，10时43分，炼铁总厂向马钢公司安全管理部报告，10时47分、11时16分、11时22分，安全管理部分别向马钢公司董事长、总经理等领导汇报，11时27分，马钢公司向宝武集团安监部报告。11时8分，马钢公司安全管理部向市应急管理局报告，12时47分，马鞍山市政府通过值班管理系统向省政府上报事故信息并跟进续报。

涉事企业及政府层面的事故上报时限符合有关法规要求。

(二) 应急指挥情况

2月6日11时35分，马鞍山市应急管理局主要负责人赶到现场；11时40分，马鞍山市政府主要负责人、分管负责人等先后赶到现场，并成立了由市政府分管负责人任组长的现场应急抢险救援指挥部。市消防救援支队组成现场抢险队全力抢救被埋人员，市生态环境局牵头对周边水体及空气质量予以检测，市公安局牵头组织事故现场安全保卫和警戒。

2月6日下午3时，省应急管理厅负责人立即率队赶赴事故现场，指导应急救援工作。2月7日上午，应急管理部派员赴马鞍山市督导事故调查工作。

(三) 现场应急处置情况

1. 事故企业

2月6日10时16分，脱硫脱硝运营作业区中控当班班长林某发现中控显示屏摄像头出现冒灰，随即使用对讲机进行呼叫，多次联系现场检修作业人员均无应答。10时18分许，林某将情况向作业长陈某报告，并操作设备停止运行。待灰尘散去，中控操作人员和马钢公司相关人员共同前往现场，发现4人躺在二楼平台上。10时25分，球团分厂值班领导赶到中控室，组织当班作业人员开展现场救援。随后，球团分厂向炼铁总厂管控中心报告现场事故情况，炼铁总厂管控中心接报后立即启动应急响应机制，马钢公司主要负责人、分管负责人先后赶到事故现场指挥事故应急救援和处置。在119、120到达后，现场人员配合医护人员将伤亡人员抬上救护车，并带领消防员到四层平台搜寻被埋压者。

因灰斗崩裂后的脱硫灰量太大，直至当晚 20 时 30 分，最后一名被埋压者被救出。

2. 公安部门

2 月 6 日 10 时 47 分，马鞍山市公安局 110 指挥中心接警后，第一时间将警情派送至楚江分局天门派出所，并向市公安局值班领导报告。10 时 52 分，天门派出所值班民警（警车 2 辆，警力 10 人）到达现场，立即进行现场秩序管控，疏散引导群众进入安全区域，并积极配合应急、消防救援等部门全力开展人员搜救工作。警情同步上报后，楚江分局备勤警力（警车 3 辆，警力 15 人）陆续到达现场进行增援。市交警支队对事发地点附近路段交通进行疏导和管控，确保救援工作有序开展。

3. 消防部门

2 月 6 日 10 时 46 分，马鞍山市消防救援支队指挥中心接警后，迅速调派幸福路消防站和红旗桥消防站共 5 辆消防车 32 名指战员前往救援处置。10 时 58 分，幸福路消防站 2 车到达现场，实施应急救援处置。11 时 07 分，红旗桥消防站到达现场，并迅速投入救援。17 时 10 分，搜救发现 1 名失踪人员被变形管道和大量脱硫灰埋压无法移动。20 时 31 分，救援人员破拆和顶撑管道将被困人员抬出，转运至地面交给 120 医护人员。

4. 医疗部门

2 月 6 日 10 时 31 分，马鞍山市 120 急救中心接到急救电话，10 时 33 分调度员派出首辆救护车。10 时 47 分首辆救护车到达事故现场，立即对事故现场的 5 名伤者进行现场救治，经检查其中 1 人轻伤、1 人重伤、3 人呼吸心跳已停止，随即汇报调度台增援，并将 1 名重伤员于 11 时 07 分送达医院救治。市 120 急救中心后续调度救护车赶赴事故现场，其中 4 台救护车分别于 11 时 04 分、11 时 18 分、11 时 23 分、11 时 28 分到达事故现场，并陆续将 3 名呼吸心跳停止人员和 1 名轻伤人员送医。因事故现场仍然有 1 名作业人员处于被搜救中，市 120 急救中心派出多台次救护车到现场接替待命。20 时 41

分，事故现场最后 1 名被掩埋人员被送医。

（四）善后处置情况

马鞍山市委、市政府协调属地政府和马钢公司配合中冶宝钢成立了善后工作领导小组，成立了 5 个专班工作小组，分别负责 4 位遇难职工善后和 1 位重伤职工救治工作。

事故发生后，地方政府及相关部门在接到事故报告后能立即启动应急预案，组织开展事故救援和善后处置工作。事故现场及周边秩序管控有力，救援人员能够在做好安全防护的前提下开展救援，能够及时发布事故信息回应社会关切，积极组织受伤人员救治，妥善处理遇难人员善后事宜。

三、应急处置教训

涉事企业及地方专业救援队伍应急处置能力不足，暴露出日常应急训练针对性不强，应对此类事故还存在一些短板和弱项。从发生坍塌的 10 时 17 分，到 20 时 41 分最后一名受害者被发现，历时 10 个多小时，使被埋压人员获得生还的机会大大减少。虽然客观上存在受事故场地的条件限制、无法使用大型机械设备提高救援效率的因素，但经调查了解，马钢公司经常性地开展针对火灾、爆炸、煤气泄漏、高处坠落等事故应急演练，但未识别出脱硫系统除尘器灰斗崩裂坍塌的事故风险，未组织开展相应的事故应急处置演练。当地消防救援队伍对于建筑施工场所的坍塌事故救援有预案、有训练，但也未在日常模拟类似的场景开展有针对性的训练，缺乏设备坍塌埋压人员应急处置经验、准备不足、救援效率不高。

四、应急处置启示

（一）强化员工安全教育培训

要保证从业人员具备必要的安全生产知识，熟悉有关的安全生产规章制度和安全操作规程，掌握本岗位的安全操作技能，特别是加强对班组长和一线作业人员的操作技能和异常应急处置实战培训，制定并落实关键岗位人员用工准入制度，未经安全生产教育和培训合格的从业人员，不得上岗作业。

（二）强化各地国家综合性消防救援队伍的非火灾类事故应急处置训练

在强化灭火实战能力的同时，针对企业在用设备坍塌埋压人员、有限空间中毒窒息、污水处理、危险品泄漏处置等非火灾类的事故应急处置，编制有针对性的应急处置预案，增加各类专业救援器材装备，通过常态化的训练提升各类事故应急救援能力。

陕西宝鸡 316 国道 "8·30" 隧道坍塌涉险事故应急救援案例

2021 年 8 月 30 日 16 时 29 分许，陕西省宝鸡市凤县 G316 国道酒奠梁隧道（简称酒奠梁隧道）施工过程中发生坍塌，10 名工人被困隧道内。在党中央国务院高度重视、应急管理部协调调度及工作组强力指导、陕西省各级党委政府高效组织下，经全体救援人员 53 小时不间断全力抢救，至 9 月 1 日 21 时 43 分，10 名被困人员全部安全获救，救援取得圆满成功。

一、事故隧道基本情况

酒奠梁隧道位于宝鸡市凤县双石铺镇，标号 K0+775-K2+970，是 316 国道凤县酒奠梁段改建工程的主体工程，也是国家补助项目。该工程总投资 3.15 亿元，计划工期为 2019 年 12 月至 2022 年 5 月。该隧道为单洞双向两车道公路隧道，埋深 120 米，最大埋深 344.9 米，设计总长 2195 米，分成两个标段进行施工。发生事故的隧道施工标段长度为 1098 米，设计建成后断面宽 10 米、高 5 米。项目建设单位为凤县交通运输局，设计单位是陕西交通公路设计研究院有限公司，施工单位是陕西建工机械施工集团有限公司（简称陕建机施集团），监理单位是陕西建通公路工程技术咨询有限公司，劳务单位是陕西宏大建筑工程公司。该标段于 2020 年 4 月 23 日开工，采用钻爆法施工，事故时该隧道标段已掘进 340 米。

二、事故经过及特点

（一）事故经过

2021 年 8 月 30 日，酒奠梁隧道施工过程中，下导一衬初期支护拱架加固 4 人（桩号 K1+065），掌子面上导一衬初期支护 6 人（桩号 K1+118）正在作业。16 时 29 分许，下导一衬支护拱架加固的 4 名工人发现 K1+065 右侧拱腰位置存在掉块，并伴随有异响，下导初期支护拱架加固的 4 名工人随即向掌子面方向撤离，约 10 秒后从右向左发生大面积塌方，导致隧道整个断面完全被封堵，撤向掌子面方向的 4 名工人和在上导初期支护的 6 名工人（共计 10 名工人）被困于掌子面与坍塌体之间。10 名工人中湖北籍 6 人，陕西籍 4 人（支护班 6 人，打钻工 2 人，控机工 2 人；最大年龄 59 岁，最小年龄 35 岁）。

（二）事故特点

1. 塌方体量大

隧道内整个坍塌体长度约 20 米，其中有 14 米区段隧道空间被塌方体完全封堵，塌方体的体积高达约 1700 立方米，如图 1 所示。

2. 塌方体结构松散

塌方体从拱顶破坏处以散体形式在短时间内流入洞内，直至塌方体坡脚达到自然休止角附近，塌方体整体呈不稳定状态。洞身围岩主要以强-中风化板岩为主（图 2），为较软岩，岩体较为破碎，稳定性较差，原设计隧道围岩划分以Ⅳ级为主，断层带岩性变化处及褶皱发育段为Ⅴ级。但施工现场发现实际围岩与设计围岩不符，通过观察分析该隧道围岩为典型碳质千枚岩，围岩极破碎。

3. 被困人员生存空间狭小

开挖隧道为双车道公路隧道，设计的建筑限界宽 10 米，内轮廓净高 6.93 米。坍塌体内侧距离掌子面约 46 米，且封闭空间内的被困

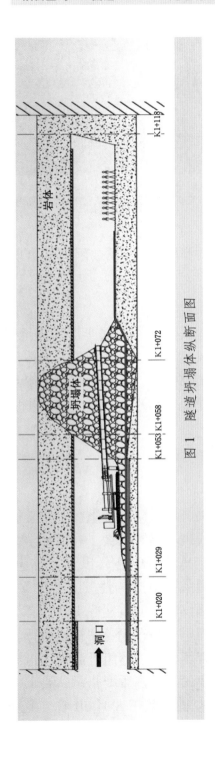

图 1 隧道坍塌体纵断面图

图 2　塌方段碳质千枚岩干燥状态和遇水软化状态

人员多达 10 人。长时间封堵可能造成被困人员出现窒息，亟须尽快打通救援通道。

4. 地下水较为发育

隧址区地处秦岭腹地长江水系，属半湿润山地气候，降雨集中，且隧道穿越一斜纵向强风化灰岩破碎断裂带，岩体呈破碎状结构、无强度，雨水可自破碎带顶部侵入，开挖时有较大渗水、失稳或坍塌现象。塌方区段围岩可能受地表水影响，发生进一步坍塌。

三、应急救援情况

（一）迅速启动应急响应

事故发生后，党中央、国务院高度重视，对救援工作作出重要批示。应急管理部多次连线现场指导救援，并就科学组织、安全救援作出批示。国家安全生产应急救援中心（以下简称应急救援中心）立即启动应急响应，调动国家隧道应急救援中交建重庆队 41 人携带大口径水平钻机、生命探测仪、地质雷达等 120 台套设备赶赴现场参与救援，协调交通运输部门对救援车辆免费快速通行。同时，派出应急救援中心 3 名同志组成现场处置工作组赶赴现场指导救援处置工作。

陕西省委省政府主要领导作出重要指示，要求抓紧施救、科学施救，严防次生事故，副省长带队于 8 月 30 日晚赶到现场指导救援。

现场成立了以宝鸡市委、市政府主要负责同志任总指挥的救援指挥部，下设 10 个工作组。现场调集了国家隧道应急救援中交建重庆队、陕西综合消防救援队、陕西省重型机械（中国水电三局）应急救援队、中铁十二局救援队、宝鸡机械救援队、铅峒山救援队和国家应急通信队等救援力量共计 600 多人，500 多台套设备参与救援。宝鸡市从应急、交通、住建、卫健、公安、电力、气象、地质等部门单位抽调大量技术骨干、专家全力做好抢险救援和保障工作。

（二）快速建立生命通道

经专家论证，救援处置首先是积极打通生命联络通道，防止被困人员缺氧。具体措施是采用挖掘机在坍塌体上方顶推直径 108 毫米的无缝钢管（图 3），顶推 15 米后于 30 日 20 时 35 分与被困人员取得联系，确切得知被困人员数量以及所有人员均未受伤、生命体征平稳，洞内基本安全；同时，通过隧道压风管路持续向内输送氧气、饮用水、食品，安排工作人员持续不间断向内喊话，做好被困人员情绪疏导工作。

图 3　塌方段挖掘机顶推钢管建立救援通道

（三）研究优化救援方案

救援指挥部首先采取顶管技术措施实施救援，制定了"一主一辅一备"的救援方案，即以大口径钻机为主、以小导硐为辅、以顶管机备用。应急救援中心工作组到达现场后，经现场勘查和组织专家研究，会同救援指挥部制定了以下工作措施：一是针对台车附近隧道变形、隧道侧壁出现空洞的情况，采用型钢支护和湿喷的方式进行加固，防止发生二次关门事故（图4）；二是针对顶管施工6米遇钢梁受阻、小导硐施工难度较大的情况，重点采用大口径水平钻机救援，小导硐作为辅助措施平行推进；三是加强现场救援施工组织，安排国家隧道应急救援中交建重庆队、陕建机施集团和宝鸡市政府有关部门负责同志在现场协调指挥，保障各项工序高效衔接；四是精简坍塌体附近作业人员，安排专人进行安全监护，持续开展隧道形变监控量测，确保作业安全；五是持续向被困人员输送氧气、水和食品，安排专人疏导被困人员情绪。

图4　型钢支护及湿喷加固措施

（四）组织实施隧道加固

8月31日20时，专家组制定出救援方案，决定对挂布台车及台车 10 米范围以内的隧道开展加固作业。一是立即采用湿喷工艺施工，喷射混凝土强度必须符合设计指标；二是钢筋网材料质量、直径和搭接长度应符合规范，每榀间距要小于设计指标，确保挂布台车至坍塌体间救援作业安全；三是喷射混凝土与钢拱架形成一体，钢拱架与围岩间隙充填密实；四是按照施工规范，对隧道形变进行监控量测，确保量测数据真实准确。以上措施在专家组的指导下，由国家隧道应急救援中交建重庆队和陕建机施集团进行实施，于 31 日 24 时完成隧道加固工作，共铺设钢梁 30 根。

（五）严防发生次生事故

除了在隧道内部进行加固防护外，现场救援指挥部还充分考虑降水、地质、通风、供电等各方面情况，对救援过程中可能出现的风险、问题和次生事故进行分析预判。安排专人排查山体水倒灌情况，搜索塌陷区和漏水点，提前封堵山顶积水点（图 5），对隧道内塌方体表面进行堆载反压处置（图 6）。持续巡查监测，科学精准施策，确保参与救援人员的安全，严防次生事故发生。

图 5　塌方段山顶地面覆盖处置

（六）全力实施钻孔救援

截至 9 月 1 日 1 时 50 分，小导硐累计掘进 4 米。考虑到坍塌体极度破碎，大口径水平钻机钻进扰动会对小导硐作业造成安全风险，指挥部决定暂停小导硐施工，全力实施大口径水平钻机救援（图 7）。

图 6　隧道塌方体表面堆载反压

9月1日2时，完成所有准备工作，大口径水平钻机开始钻进作业。钻进施工过程中，累计排出渣土60多立方米，切碎坍塌体内7根工字钢、4块连接板，累计进尺23.33米，历经19小时，于9月1日20时打通救生通道（图8）。9月1日21时29分，第一名被困人员通过套管撤出被困区域，截至9月1日21时43分，10名被困人员全部成功获救。

图 7　大口径水平钻机钻进救援

图 8　救援人员从救生通道进入进行救援

（七）工作组加强现场指导

应急救援中心工作组于 8 月 31 日 18 时抵达现场后，立即进入事故隧道查勘现场救援情况，之后会同现场救援指挥部组织专家组及有关负责人召开会议，就落实部领导关于科学救援、安全救援，做好防护措施、严防二次坍塌的有关要求，研究部署和指导实施救援方案。工作组始终坚守救援现场一线，调度指导开展钻孔救援工作，及时协调解决装备进场、平台清理、配套安装、任务排班、后勤保障等问题。工作组一直盯守在隧道监控台，及时调度现场作业人员，研究解决钻进遇到的困难。

（八）整体事故救援历程

整个救援工作由各级政府牵头，调集多方专业应急救援队伍共同完成。各方面共计 700 余人、500 多套装备投入救援。经过 53 个多小时的全力救援，10 名被困人员全部顺利安全获救。整体救援体系的具体工作历程如图 9 所示。

时间历程	事故企业	政府	应急救援队
2021年8月30日 16时29分	隧道发生坍塌		
16时32分	值班室发现事故并 上报项目负责人		
16时35分	负责人上报凤县 交通局和集团公司		
16时40分	集团公司上报陕建 总并启动急救预案	党中央、国务院高 度重视并作出批示	国家应急救援中心 立即启动应急响应
19时40分		成立救援指挥部	现场调集多组救援 力量共计600多人
20时35分			打通联络通道并与 被困人员取得联系
22时38分		副省长抵达现场 确定救援方案	
8月31日13时			国家应急救援中交 重庆队到达现场
8月31日20时			对隧道事故区域 开展加固作业
8月31日24时			完成加固作业
9月1日02时			完成所有准备工作, 开始钻进作业
9月1日20时			打通救生通道
9月1日 20时29分			第一名被困人员 撤出被困区域
9月1日 21时13分			10名被困人员全部 获救

图 9　事故救援过程整体流程图

四、应急救援经验及启示

（一）应急救援经验

1. 指导协调有力，救援组织合理

国家、地方多方面的指导协调与科学合理的现场组织是救援成功的关键因素。一是有力的指导协调。事故发生后，国务院领导作出重要批示，要求全力做好救援，尽力减少伤亡；应急管理部通过视频连线调度指导救援工作，指示要求科学组织，扎实做好防护措施，稳妥推进，严防新的坍塌灾害；应急救援中心立即调动救援队及救援装备赶赴现场参加救援，现场工作组及时传达和组织落实有关领导同志重要批示和工作要求，会同现场救援指挥部研究制定和组织实施救援方案措施，切实发挥了强有力的指导作用。二是合理的救援组织。陕西省委、省政府主要领导高度重视，第一时间作出批示要求，分管副省长带领应急管理厅等相关部门和人员赴现场指导救援，迅速建立应急救援指挥部，并分别成立"安全警戒组""监控量测组""导坑开挖组""钻机操作组""后勤保障组"等，加强维持救援现场秩序，组织分析救援困难风险，自始至终落实科学施救、安全施救，整体救援工作组织有序、指挥有效、保障有力。

2. 坚决落实科学救援、安全救援

应急救援工作组严格落实上级领导关于科学救援、安全救援的要求。一是有效组织快速建立了生命通道，持续与被困人员保持通话联络、提供食品给养、输送新鲜空气、进行心理疏导，组织专家研究制定了"一主一辅一备"的救援方案，根据救援情况和工作组建议及时优化救援方案。二是严防次生灾害的发生，根据专家研判意见，首先进行隧道围岩加固防护，同时安排专人持续巡查监测山体情况，搜索排查塌陷区和进行漏水点封堵，采取多种措施确保了参与救援人员的安全，救援过程中没有发生次生事故灾害，实现了安全救援。

3. 专业队伍、先进装备作用显著

国家隧道重庆队和国投配备的大型钻机发挥了至关重要的作用。一是听从调度指挥，响应出动迅速。国家隧道重庆队于8月30日19时10分接到事故信息后启动一级战备，19时41分接到出警指令后第一批先导队立即出发，于8月31日4时6分到达现场；第二批轻装备队、第三批重装备队装车后随即出发，分别于31日12时6分、13时30分抵达现场开展救援。二是精准勘查研判，坚定主攻方向。国家隧道重庆队先导队到达后，立即进行现场勘查和分析研判，向指挥部提出建议以大口径水平钻机打通救生通道为主的"一主一辅一备"救援方案。三是发挥专业优势，打通救生通道。应急救援中心利用国投资金为国家隧道重庆队配备大口径水平钻机后，该队认真进行培训和训练，比较熟练地掌握了操作技术，为打通救生通道提供了有力保障。四是克服多种困难，彰显职业精神。国家隧道重庆队为了尽快营救被困人员，通过加强现场安全观测、合理安排作业工序、根据钻进条件调整钻速等措施，克服环境复杂危险、作业空间狭小、钻进过程遇到钢梁等多种困难，展现了国家专业队的职业精神。

（二）应急救援启示

1. 加强国家专业队先进装备配备和操作训练

从这次应用大口径水平钻机成功救援及以往一些典型案例看，先进救援装备是科学救援、安全救援、高效救援的关键。目前国家隧道昆明队、重庆队已经配备了大口径水平钻机且都在实战中发挥了重要作用。另外两支国家隧道队（贵阳队、太原队）还未配备此装备，建议下一步争取为这两支队伍配备大口径钻机。同时，督促各队开展大型装备应用训练，一旦发生事故能够拉得出、用得上、打得赢。另外，督促重庆队及时修复在此次救援中损坏的钻头、钻杆等部件，以全面恢复大口径钻机的性能和战斗力。

2. 研究总结大口径水平钻机装备应用技术

本次救援是重庆队首次使用大口径钻机参加救援实战，虽然取得

很好效果，但也遇到了开孔位置和钻进角度选择、距离增长后钻管下沉、遇钢构件钻头切削损坏等问题，影响了救援进度。建议组织重庆队乃至 4 支国家隧道队充分珍惜和利用这次实战机会，总结提炼大口径水平钻机操作经验和教训，研究解决上述有关钻机应用技术问题，进一步提升大口径水平钻机操作应用能力，形成一套更加实用有效的战法，真正做到打一次大仗有一次大的提升。

3. 增强调度指挥精准性和装备配套性

现场救援队伍配备的大口径水平钻机动力站需要 380 伏电压和至少 200 千瓦功率的电力供应，但是在调动装备和协调现场准备时未予以充分考虑，导致大口径水平钻机到达后发现隧道内供电电缆细、通过电流容量低，不足以启动大口径水平钻机，存在电力供应不配套的问题，且未携带本队发电机，因而临时在当地调动应急电源车进行电力供应。建议应急救援中心今后在调度队伍装备参加救援的同时，提前了解装备运行保障需求，并协调现场和救援队伍做好准备，以确保救援装备到达现场后能够快速投入使用。

4. 加强隧道坍塌体快速探测技术研发

坍塌体内钢梁、钢筋及硬质岩石等材料是制约小导洞、钻机掘进的主要不利因素。在地质勘探等行业领域已有较成熟的物探技术，用于探测前方一定范围内的介质密度等。建议支持引导相关物探技术应用于隧道坍塌体的探测，为隧道救援施工提供技术支撑。

5. 研发隧道塌方专用救援钻机设备

本次救援中，大口径水平钻机在隧道坍塌救援中显示出其技术先进、安全可靠、精准快速的特点。但现有的大口径水平钻机由于其长度和重量较大等原因，适用于空间较为宽敞的隧道，对于更多复杂隧道工程需要满足快速装卸和增强出渣的要求。建议组织和鼓励相关科研单位和企业攻关研发适用于多种不同施工环境下的大口径水平钻机。一是减轻钻机重量，以加快钻机的安装速度；二是增加钻渣自动输送带，以提升弃渣的运输效率，为其他隧道坍塌事故救援提供先进、安全的救生装备。

浙江防御强台风"梅花"案例

浙江是受台风影响最频繁、最严重的省份之一。1949 年至 2022 年，影响浙江的台风有 274 个，平均每年 3.7 个，其中在浙江登陆的有 49 个。下面，结合 2022 年第 12 号强台风"梅花"防御案例，介绍浙江防台风工作的主要做法及启示，以期共同提高台风灾害风险防控和应急处置能力。

一、台风"梅花"概况及主要特点

第 12 号台风"梅花"于 2022 年 9 月 8 日生成，14 日 20 时 30 分前后在浙江省舟山市普陀区登陆，带来狂风、大范围持续强降雨。

主要特点有：一是狂风。风力强，登陆时为强台风级（14 级），实测最大风力为嵊泗徐公岛 53.6 米/秒（16 级），为新中国成立以来 9 月份登陆象山港以北的最强台风。二是暴雨。暴雨集中、强度强、局部累计雨量特大，主要集中在宁波、舟山、绍兴等地，5 个县过程面雨量超过 300 毫米，198 个乡镇累计雨量超过 200 毫米，单站最大为余姚市大岚镇夏家岭 707 毫米。单日雨量有 21 个乡镇（街道）超过 300 毫米，其中余姚市鹿亭乡日雨量达 439 毫米。三是浪高。宁波、舟山沿海出现 6 米以上巨大狂浪，风暴潮叠加天文大潮，嘉兴、宁波、舟山沿岸出现 60~120 厘米的风暴增水。四是水猛。江河水位高，甬江干流水位超历史，其中姚江余姚站最高水位 3.67 米（超历史 0.14 米）、奉化江北渡站最高水位 4.46 米（超历史 0.25 米）。

面对强台风"梅花"正面袭击，浙江省上下全力以赴、科学应对、坚决应战，奋力交出了"大灾损失轻、人员零死亡"的高分答卷。据统计,强台风"梅花"共造成浙江 110.2 万人受灾,农作物受灾面积 2.8 万公顷,倒损房屋 103 间,直接经济损失 18.1 亿元,无人员伤亡、未发生重大灾情。与以往相似台风相比,灾害损失历史最少①。

二、防御应对和应急处置的主要做法

总结分析防御应对台风"梅花"的情况,具体有以下 5 个方面。

(一)组织指挥统领统筹

1. 国家防总战略部署

应急管理部、气象局进一步强化气象预警和应急响应联动工作机制,紧跟台风"梅花"生成及位移路径。在收到气象预警信息后,应急管理部立即组织灾害风险综合会商研判,及时报请国家防总依据预案启动应急响应。国家防总电函上海、江苏、浙江、福建、山东等省市防汛抗旱指挥部,根据《国家防汛抗旱应急预案》有关规定,启动防汛防台风四级应急响应,并要求密切监视台风发展变化,加强监测预报预警和联合会商研判,及时启动并调整应急响应;严格落实"船回港、人上岸"防台风要求,切实组织做好船只回港避风和海上作业人员、近海养殖人员上岸避险工作;进一步开展隐患排查整改,抓紧对广告牌、塔吊等高空构筑物和行道树、围墙等易伏物采取加固或拆除措施,提前关闭沿海旅游景区和在建工地,必要时停止户外集体活动、停课、停工、停业、停运;扎实做好山洪地质灾害、中小河流洪水和城乡内涝等灾害防范应对,及时组织危险区人员转移避险,切实把确保人民生命安全放在第一位落到实处。加强值班值守和信息报送,突发险情、灾情信息第一时间报告。

---

① 2021 年台风"烟花"93.7 亿元、2019 年台风"米娜"31.4 亿元、2015 年台风"灿鸿"87.15 亿元。

2. 党政高位部署推动

从台风"梅花"生成到逐步影响浙江海域到进入东海海域再到影响减弱直至离开浙江，国家防总、浙江省委省政府始终密切关注，全过程精准指挥。省委书记在台风影响浙江前的关键时期，亲自召开全省防御部署会；省长先后 4 次到省防指会商调度，逐一连线象山、岱山等 9 个重点县（市、区），"点对点"提示风险、研究解决重大问题，并深入西险大塘现场实地检查防台工作；省政府常务副省长、省防指常务副指挥长坐镇指挥部动态会商研判、科学指挥调度、督促推动落实。全省各级党委政府主要领导全部深入一线、靠前指挥、亲力亲为。

3. 防指统筹指挥调度

台风"梅花"一生成，国家防总连续两天召开防台风专题视频会商调度，综合研判"梅花"发展趋势，研究部署防范应对措施。浙江省防指发挥防指中枢作用，密切关注并第一时间"平战转换"，进入应急响应后迅速激活专班化运作，启动监测预报预警、风险防控、抢险救灾、宣传和舆情引导、综合文秘等 5 个重大灾害应急工作组，实施预警发布、应急响应、信息报送、抢险救援、物资调拨"一个口子"统筹。浙江省防指各成员单位根据响应等级进驻省防指24 小时联合值守、集中办公，启动 II 级响应。浙江省公安厅、浙江省自然资源厅、浙江省建设厅、浙江省交通运输厅、浙江省水利厅、浙江省农业农村厅、浙江省应急管理厅、浙江省消防救援总队、浙江省气象局 9 个重点涉灾部门副厅级领导进驻，I 级响应时全体进驻，及时应对相关突发应急事件。市、县两级防指同样专班运作，坚决统筹，科学指挥。

4. 部门联动督战落实

台风"梅花"期间，浙江省防指组派由有关厅局领导带队的 6 个工作组分赴一线加强针对性督查指导，市、县（市、区）也都组织督查组进行督查检查，重点检查风险管控落实情况和责任人到位履职、隐患排查、物资前置、人员转移、抢险救援等工作。台风临近时，重点督防措施是否到位；台风登陆前，重点督防危险区域人员有无转移；台风离境时，重点督防救援救助是否及时。浙江省纪委监委全面统筹部署省市县乡、室组地巡的监督力量，强化政治监督和纪律保障，推动党中央和浙江省委关于防汛防台重大决策部署落实落细落地，并专门派出由纪委常委带队到台风"梅花"影响重点地区宁波驻点督导，通过督导直通机制，直接向市县督办整改问题 8 批次 48个，提出意见建议 12 条，并专报省委省政府。

（二）预警响应协同联动

1. 高频次滚动会商

在台风"梅花"生成并可能影响浙江后，浙江省防指每日组织气象、水利、自然资源、建设、交通运输、农业农村等部门，开展综合会商调度。特别是启动Ⅱ级响应后，气象、水利、自然资源部门将台风、洪水预报和地质灾害预报频次加密至每 1 小时一报，浙江省防指将会商频次加密至每 3 小时一次，滚动研判雨情、水情、灾情动态，及时把握灾害风险态势，为精准落实人员转移、"五停"等措施提供有力支撑。台风"梅花"期间，浙江省防指累计开展会商 72次、调度 31 次。

2. 高级别预警"叫应"

当气象、水利、自然资源部门发布橙色、红色等高级别预警时，按照"省到县、市到乡、县到村"要求，各级防指和有关成员单位按分工预警"叫应"相应的党政领导、基层责任人，督促提醒各级责任人在接到预警信息后立即到岗履职，迅速落实风险排查、人员转移、抢险救援等防台措施，既要"叫醒"也要"回应"，最大限度保障工作提前量。台风"梅花"期间，浙江省级及时对市、县（市、区）政府和部门领导进行点对点"叫应"提示达 180 多次，市县同步对乡镇村党政负责人、基层责任人进行"叫应"和"六问"（一问是否在村在岗？二问是否收到预警信息，哪类预警？三问是否有强降雨，或河道高水位？四问是否有山洪灾害易发区、地质灾害隐患点或高风险区、危旧房、低洼积水点等高风险区？五问当天是否已巡查，巡查几次？六问是否有需转移帮扶的孤寡老人，已转移多少，转移人员有无擅自回流？）抽查，确保不贻误战机。

3. 高效率响应联动

台风"梅花"期间，按照气象、地质灾害、山洪灾害预警和应急响应联动的原则，浙江省防指在 33 小时内将防台风响应等级从海上防台风响应，连升四级至 I 级响应，同时启动地质灾害 III 级应急响应；全省 11 个市、86 个县（市、区）先后启动应急响应。各地各部门迅速行动，转段升级，坚决果断采取"五停"（停止户外集体活动、停课、停工、停业、停运）等风险管控硬举措，其中影响最严重的舟山及时对港岛大桥、新城大桥、鲁家峙大桥、小干大桥等城市跨海大桥首次实行封停，降低群众出行安全风险。台风"梅花"期间，全省教育部门对 6264 所学校提前采取停课措施，商务部门关停大中型商超 62 家，文化和旅游部门关闭 A 级景区 775 家、暂停高风险项目 412 个，确保绝对安全。

（三）风险管控量化闭环

1. "一图"精准研判

浙江省防指依托横向打通 15 个部门专业系统、纵向贯通省市县乡村 5 级的防汛防台数字化平台（防汛防台在线），聚焦"八张风险清单"（海域安全、山塘水库河网、小流域山洪、地质灾害、城市内涝和城市安全运行、安全生产、交通安全、人员转移避险），实时汇聚雨情、水情、海浪风暴潮、台风路径等信息，动态监测地质灾害、小流域山洪、城市易涝点、山塘水库河网、危旧房等 12.6 万个重要风险点，叠加专业风险预警，发布 3 小时、6 小时、24 小时、48 小时动态综合风险预警"五色图"，实现灾害风险靶向研判。如水利部门依托"五色图"，实施水库河网有序调度，台风"梅花"影响前，调度平原河网预排 2.47 亿立方米，大中型水库预泄 2.09 亿立方米；

在"梅花"影响期间，平原河网外排 10.34 亿立方米，全省水库拦蓄 5.96 亿立方米，充分发挥了水利工程拦洪错峰作用。

2. "一单"闭环管控

防台准备阶段，浙江省市县三级聚焦"八张风险清单"滚动开展 4 轮风险隐患大排查，共出动检查人员 36 万余人次，排查各类隐患 1.35 万余处，确保风险排查见底、到边。同时，以"四不两直"方式开展督查，实现省对县、市对乡、县对村督查全覆盖。对 5 个排查整改不力的县（市、区）政府分管负责人，浙江省防指对其进行约谈，督促风险隐患逐项整改销号。台风影响期间，各级防指建立并有效运行"1+8"风险防控机制，根据"八张风险清单"明确的每一个风险点（区）类型、预警阈值或等级、管控措施、受影响人员、转移路线、相关责任人等要素信息，逐一研判风险，一键下发风险提示单、预警单、指令单，分层分类分级提示督办，做到"风险在哪里、责任人是谁、工作是否闭环"一目了然，实现风险"研判—提示—管控"全链条精准防控。如 9 月 13 日，当研判舟山市普陀区乌沙门渔港、嵊泗三大王渔港、嵊泗高场湾渔港、嵊泗马关渔港、嵊泗大水坑渔港等 5 个渔港抗风能力等级弱，难以有效保障已在上述渔港锚泊渔船的安全避风时，省防指办及时下发管控指令单，要求舟山市组织锚泊渔船于 9 月 13 日 18 时前转港撤离，确保渔船安全。

3. "一码"精密转移

根据台风路径动态分析，各级防指和有关部门组织地质灾害、小流域山洪、危旧房、海上养殖等高风险区受威胁人员统一扫"安全码"转移，实时跟踪转移动态，及时督促基层落实转移任务，确保人员转移到位。如 9 月 14 日上午 9 时，舟山市普陀区六横镇运用"安全码"转移群众时，通过人码对照核实遗漏 1 名转移群众，利用视频监控查找，发现其返家喂猪，镇村及时将其转移至安全地带。台风"梅花"期间，全省转移危险区域人员 146 万人，做到了应转尽转、应转早转。

（四）应急救援统筹调度

1. 预置队伍物资

台风"梅花"影响前，浙江省防指协调军队、武警，统筹消防救援、驻浙央企、专业队伍、社会力量等应急队伍1228支3.09万人，前置沿海重点地区布防；发展改革、应急管理、粮食物资等部门提前做好应急物资储备，前置物资6.6万件；海事部门协调6艘专业救助船、13艘大马力拖轮在重点海域布防；通信管理部门指导运营企业为各地5000余部卫星电话紧急复机，确保随时可用。

2. 高效抢险救援

台风"梅花"期间，针对宁波市四明山区持续强降雨，余姚站水位将超历史水位，可能造成余姚城区严重内涝，一方面督促指导宁波市迅速制订并实施甬江应急调度系列方案，全流域调度、上下游联动，落实关停沿江泵站、加大分洪力度、加固堤坝、实施人员紧急转移等措施；另一方面第一时间协调军区、武警，连夜调度消防救援、民兵、武警官兵和社会应急力量1056人、15辆大型排涝泵车和30艘橡皮艇等驰援余姚，全力确保安全。

3. 灾后迅速恢复

按照"2天清环境、3天通水电及通信、5天通公路"的要求，台风"梅花"过后不到2天，统筹各方提前完成电力、通信、干线公路恢复，抢通公路56条，抢修电力台区6575个，恢复退服基站579个；卫生健康部门指导各地统筹做好灾后防疫消杀等工作。各地在确认安全后组织转移人员有序返家，在海上警报解除后组织回港避风的船只出港作业。

（五）全面动员全民共防

1. 基础全面夯实

依托基层防汛防台体系标准化建设，全面落实"六张网"（组织责任网、风险防控网、抢险救援网、灾后恢复网、运行保障网、数字化应用网)55条标准,提升乡自为战、村自为战能力。其中全省1.48万个多灾易灾村"三大件"全配备,共配备卫星电话1.55万台、应急发电机1.60万台、排水泵1.89万台,切实提升极端情况下的应对能力;全省1189个乡镇配备可视化装备,尤其637个偏远乡镇实现全覆盖,确保突发事件现场图像30分钟内快速回传,保障应急可视化指挥。台风"梅花"期间,全省及时开放5400余个避灾安置场所,增开270个临时避灾安置点,做好群众避灾安置生活保障。

2. 基层全面发动

组织部门全面动员基层党组织和党员干部积极投身防台一线。台风"梅花"期间,浙江省市县乡村五级一体联动,落实"市领导包县、县领导包乡、乡领导包村、村干部包户到人"包保责任,4.48万乡村基层防汛责任人迅速进岗履职,落实落细各项防御举措,把防台责任落实到最小单元。如台风"梅花"登陆前夕,宁波余姚市大岚镇以镇干部包村、村干部包自然村、村民小组长和村民代表包各村民的方式,形成"镇-村-组-户"闭环管理,对易涝区、危旧房等高风险区,孤寡独居老人等重点人员开展"逐户敲门行动",转移相关人员139名,避免人员伤亡。

3. 信息全面发布

宁波、嘉兴、绍兴、舟山、台州等地市县长发表电视讲话或发布告市民书,动员基层党员干部群众迎战台风,效果非常显著,特别有利于"五停"措施落实到位。宣传、网信、广电等部门统筹协调中央和省市县四级媒体,融合报、网、端、微、屏等资源,动态发布台风信息、预警提示、避险知识,全方位覆盖。浙江卫视暂停娱乐类等节目,全天候、不间断地开展新闻报道;浙江在线开设《台风"梅花"来袭,浙江全力备战》专题,设置"浙战台风"微博话题,累计报道2.19万篇,相关话题全网总传播量超30亿。各级宣传、网信部门落实舆情信息快速反应机制,及时核查处置网络谣言和煽动性信息,回应社会关切,为防台营造良好的社会舆论氛围。

台风"梅花"过后，浙江省防指立即组织省级成员单位和有关市县对防御工作进行系统复盘评估，总结经验，查找短板，共梳理出风险研判管控机制需完善、基层预案方案实操性需深化、人员转移避险确认机制需健全、极端天气监测预报预警能力需提升、基层责任需夯实、履职能力需加强等 6 个方面 15 项问题。省委常委会、省政府常务会议分别专题听取并研究复盘总结工作，部署复盘整改任务。浙江省防指将台风"梅花"防御应对复盘评估报告细化为 23 条 43 项整改任务，逐一明确具体措施、完成时间、牵头单位，进一步堵漏洞、补短板，真正做到"打一仗、进一步"。

三、经验总结

（一）坚持科学理念是取得防台胜利的根本

习近平总书记在浙江工作期间提出的"一个目标、三个不怕、四个宁可"防汛防台理念（"一个目标"：不死人、少伤人、少损失；"三个不怕"：不怕兴师动众、不怕"劳民伤财"、不怕十防九空；"四个宁可"：宁可十防九空，不能万一失防；宁可事前听骂声，不可事后听哭声；宁可信其有，不可信其无；宁可信其重，不可信其轻），为做好防台工作提供了根本遵循、指明了前进方向。必须一以贯之传承和弘扬习近平总书记防台抗灾理念，坚持"人民至上、生命至上"，将确保人民生命财产安全贯穿于防台救灾的全过程；必须强化底线思维、极限思维，以最坏打算做最充分准备，用工作的确定性应对风险的不确定性，牢牢把握防御工作主动权。

（二）统一指挥高效协同是取得防台胜利的保证

防台工作必须始终坚持党委政府统一领导、党政同责。必须严格落实防汛防台抗旱政府行政首长负责制，明晰部门职责，准确把握统与分、防与救的关系；必须加强顶层设计，强化制度供给，完善工作机制，实施"一个口子"统筹，确保指挥统一、指令畅通、步调一致；只有主动作为、靠前一步，敢于善于统筹，指挥才能坚决有力、权威高效。

（三）风险研判闭环管控是取得防台胜利的关键

防汛防台最大的风险在于看不见风险，不去研判、没有预案、丧失先机。风险排查决不能大而化之，必须细之又细，全面覆盖、不留死角盲区；风险研判必须实时动态，要根据风力、雨量、水情等动态信息，跟踪研判，精准靶向施策；风险管控必须严之又严，定人、定责、定措施、定时限，确保落底闭环。

（四）全民动员群防群治是取得防台胜利的基础

防汛防台必须把基层全面组织动员起来，联防联控、群防群控，才能打赢防御台风"人民战争"。基层防汛防台组织体系必须健全，让防台工作在基层有人抓、有人管、有人干。基层防汛防台责任必须落实，特别是镇村党组织和党员干部要冲在第一线、战在最前沿，在巡防巡查、应急抢险等工作中发挥战斗堡垒和先锋模范作用。

（五）提升工程防御能力是取得防台胜利的保障

做好防汛防台工作，加强海塘、水库、泵站等水利基础设施建设是基础、是支撑。必须构建上蓄、中防、下排、外挡的防洪体系，补强城市及重要城镇防洪薄弱环节，系统提升洪涝灾害防御能力；必须加强水利工程除险加固和运行管护，全面落实工程安全管理责任制，确保工程运行安全；必须加强科学精准调度，以全流域"一盘棋"思维统筹上下游、左右岸，最大程度发挥工程防灾减灾作用。

防汛防台，责任如山。特别是 2018 年机构改革以来，要持续深化防台风"一案三制"（预案、机制、体制、法制）体系建设，建立健全统一指挥、统分结合、分级负责、属地管理、精密智控、高效运行的防汛防台体制机制，切实提升台风洪涝灾害科学防控能力。做好防汛防台工作，离不开各级党委政府的坚强领导，离不开各相关部门和社会各方面的全力以赴，更离不开基层干部群众的辛勤努力。作为承担这项工作的职能部门，还要做到：政治上，有家国情怀、决不能懈怠；工作上，有干事激情、决不能推诿；方法上，重本质安全、决不能打折扣。

天津应对海河"23·7"流域性
特大洪水案例

天津东临渤海，北依燕山，地处海河流域最下游，全年降雨量的80%主要集中在七下八上主汛期。特殊的地理位置和雨水情，决定了天津上防洪水、中防沥涝、下防海潮、北防山洪的"四防"立体防汛格局，任务异常繁重。现结合2023年天津应对海河"23·7"流域性特大洪水案例，详细介绍防汛抗洪救灾工作经验做法，为共同提高台风、洪涝灾害防范化解和应急处置能力提供参考。

一、洪水基本情况

（一）雨情

7月28日20时至8月2日6时，海河流域出现强降雨，形成海河"23·7"流域性特大洪水。主要特点有：一是旱涝急转。本次洪水之前，我市及海河流域连续高温、少雨，气象干旱趋势明显；7月28日，受台风"杜苏芮"影响，出现连续强降雨，引发海河流域性特大洪水，旱涝转换时间短。二是影响范围广。本次降雨过程，面雨量100毫米以上强降雨达19.2万平方千米，占流域总面积近60%，降雨区域主要集中在太行山、燕山山前，特别是永定河、大清河等水系中下游。三是累计雨量大。流域平均降雨量167毫米，估算降水总量531亿立方米，为1963年以来的最强降雨，其中大清河、子牙河、永定河下游、北三河中游等部分地区降雨量350~600毫米，局地700~800毫米。四是降雨极端性强。流域最大降雨量 1008.5 毫米（出现在河北邢台临城，为当地年均降雨量的两倍）。

（二）水情

海河流域 22 条河流发生超警以上洪水，8 条河流发生有实测资料以来的最大洪水，子牙河系、永定河系、大清河系先后发生编号洪水，位于河南、河北、天津的 8 处国家蓄滞洪区相继启用。其中，永定河发生 1956 年以来最大洪水，大清河发生 1963 年以来最大洪水。天津应对流域洪水的主要特点有：一是客水压力大。流域上游大清河、永定河发生特大洪水，全部经由天津下泄，洪水总量 43.31 亿立方米，防洪排涝任务艰巨。二是南北双线行洪。大清河、永定河洪水从南北两个方向进入天津，东淀蓄滞洪区、永定河泛区相继启用，境内南线大清河、子牙河、独流减河、海河，北线永定河、永定新河全力分泄洪水。三是行洪时间长。8 月 1 日 22 时 10 分永定河洪水入境，19 日退水基本完毕；8 月 4 日 12 时大清河洪水入境，30 日 13 时 30 分河北省新盖房分洪闸关闭，停止向东淀蓄滞洪区泄水，9 月 25 日淀内沥水基本排净。

（三）灾情

此次遭遇的 60 年来海河流域最大洪水，全市上下全力战洪峰、防洪灾、保安全、保稳定，全面实现了"人员不伤亡、水库不垮坝、重要堤防不决口、重要基础设施不受冲击"的"四不"目标。据统计，此次特大洪水导致全市 10 个区 12.82 万人次受灾，累计紧急转移安置 91643 人；倒损房屋 5325 间，倒损厂房、仓库面积 3.97 万平方米；农作物受灾面积 25.83 千公顷，其中绝收面积 10.21 千公顷；堤防受损面积为 193.89 千米；公路受损约 13.10 千米；部分地区水利电力设施遭到损毁；直接经济损失 52.21 亿元。天津分区分类直接经济损失估计见表 1，分领域直接经济损失统计分布如图 1 所示。

表1　天津分区分类直接经济损失估计　　　　　　万元

行政区	房屋及居民家庭财产损失	农林牧渔业经济损失	基础设施经济损失	工矿商贸业经济损失	公共服务设施经济损失	直接经济损失评估值
天津市	43264.06	355613.19	96220.33	23325.52	3636.65	522059.75
西青区	3938.90	162673.80	41712.34	19066.29	396.57	227787.90
武清区	36848.36	86328.42	10713.65	3694.80	921.88	138507.11
静海区	2437.20	96368.79	35416.34	564.43	445.50	135232.26
其他区域	39.60	10242.18	8378.00	0	1872.70	20532.48

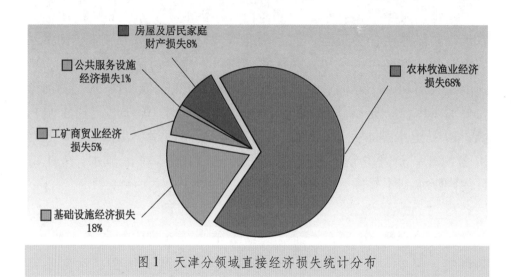

图1　天津分领域直接经济损失统计分布

二、防范应对和应急处置过程

面对突如其来的洪水，全市上下自觉以全局谋划一域、以一域服务全局，以"时时放心不下"的责任感和"一失万无"的警醒，立足人员安全、行洪安全、财产安全，高效建立防汛应急指挥体系，高效实施受灾群众转移安置，高效组织各项抢险工程，高效开展堤防围埝隐患排查，高效统筹洪水应对和城市运转，形成了京津冀协同、军地协同、央地协同、条块协同，有力有序推动防汛抗洪救灾工作的生动局面。

（一）未雨绸缪，市防指统筹指挥

1. 高位组织，连续精准部署

从第5号台风"杜苏芮"登陆我国福建沿海到残余环流影响华北地区导致持续强降雨引发流域性特大洪水，从蓄滞洪区启用到区内积水基本排净，市委、市政府主要领导同志始终密切关注，全程科学指挥，7月28日以来，密集主持召开市委常委会会议、市政府常务会议、指挥部专题会议研究部署；洪水防御期间，率先垂范、巡回督导，连续深入所有涉洪区进行实地查看、现场指导。其他分管市领导根据前置指挥体系分工，按照"四防"重点，进驻相关区域，分兵把守，一线督导力量调配；永定河、大清河洪水入境后，分南、北两线指导群众转移、抗洪抢险相关工作。大清河洪峰抵达前，在静海台头成立大清河防汛抗洪工作前线指挥部，由市长任总指挥，各位分管市领导分别牵头负责水情预报、抢险施工、物资调配、堤防巡查、泄洪调度等重点工作，分工明确、高效协同，为有力有效抗洪抢险救灾提供坚强保障。

2. 快速反应，提前启动响应

7月27日，接气象部门预报，台风"杜苏芮"将北上影响海河流域，京津冀部分地区有大到暴雨、局地特大暴雨，永定河、大清河、子牙河等河系可能发生洪水，市防办立即下发通知，要求全市各区各部门各单位坚决抓好各项防范应对措施，全力以赴做好强降雨防御工作；7月28日，市防指紧急召开防汛防台风工作会议，要求全面进入"迎战"状态；7月28日11时，市防指紧跟汛情态势，按照《天津市防汛抗旱应急预案》，提前启动市防洪四级应急响应；30日0时30分，调整升级为三级；随着北部永定河系永定河泛区、南部大清河系东淀蓄滞洪区相继启用，8月1日1时，历史首次启动市防洪一级应急响应；为高效应战南北两线大洪水，市防指启动联合办公机制，天津警备区、武警天津总队、武警第一机动总队第四支队、消防救援总队、市国资委等抢险部门立即进驻市防办集中办公，其他各成员单位 24 小时线上联合值守，全市上下严阵以待。

3. 措施严密，确保人员安全

按照国家防总启用蓄滞洪区工作部署，7 月 31 日下发《关于做好永定河泛区人员转移等工作的通知》，要求 8 月 1 日 0 时前泛区内人员转移完毕，8 月 1 日下发《关于再次排查永定河泛区人员转移安置情况的通知》；8 月 2 日下发《关于做好东淀蓄滞洪区人员转移等工作的紧急通知》，要求 8 月 3 日 12 时前完成蓄滞洪区内全部群众转移和危险源排查，8 月 3 日再次下发加快群众转移进度的提示函，8 月 4 日下发《关于再次排查东淀蓄滞洪区人员转移安置情况的通知》，保证泛区、蓄滞洪区内 66969 名群众应转尽转、不落一人，确保蓄滞洪区正常启用。特别是 8 月 10 日凌晨，与大清河连接的滩里干渠东堤决口，洪水向东淀与文安洼交界的苗头排干奔涌而来，市防指果断安排文安洼蓄滞洪区王口镇北苗头、南苗头、段堤 3 个村6305 人有序及时转移，保障了群众生命安全。

（二）强化会商，高频次预警"叫应"

1. 滚动会商，一区一策调度

及时启动京津冀全天候联合会商机制，加强与国家防办、海河防总、京冀两省市防办沟通联系，并通过直升机、无人机巡检等方式，实时掌握上下游水情工情，滚动研判台风、洪水发展趋势，第一时间报告市委市政府、通报各区各部门，动态调整指挥决策，牢牢把握主动权；分灾种、分区域、分时段先后 108 次对中心城区、各涉农区建成区内涝应对，永定河、大清河、子牙河、北三河洪水防御，蓟州山洪、地质灾害和滨海新区风暴潮防范工作进行紧急视频调度和安排部署，督促市、区、街镇和村级"锣长"10858 人下沉一线、加强防范，织密了"四防"安全网，筑牢了防汛抗洪抢险救援责任堤坝。

2. 精准预警,"叫应"直达基层

气象、水务、规资等部门加密上下游、左右岸会商沟通,采用高分卫星监测、地质雷达扫描等方式,动态研判雨情水情形势,提前精准发布天津市暴雨黄色预警、静海暴雨橙色预警、天津市洪水橙色预警、永定河与大清河洪水红色预警、蓟州地质灾害气象风险黄色预警、滨海新区风暴潮蓝色预警等各类预警响应、汛情动态、避险提示共 21800 余次,有效避免全市大范围转移群众及过度应对造成社会资源浪费。严格落实直达基层的临灾"叫应"机制,通过电话、短信、电视、电台、新媒体等多种方式,紧急"叫醒""叫应"党政责任人 583 次,为各级防指精准响应和科学指挥决策提供有力支撑。天津暴雨、洪水预警发布情况见表 2。

表 2 天津暴雨、洪水预警发布情况

种类	发布时间	级别
暴雨预警	7 月 29 日 14 时 30 分	天津市暴雨黄色预警
	7 月 30 日 12 时	静海暴雨橙色预警
洪水预警	7 月 31 日 10 时	天津市洪水橙色预警
	7 月 31 日 14 时	永定河洪水红色预警
	8 月 6 日 17 时	大清河洪水红色预警

3. 广泛宣传,动员全民共防

市委学习贯彻习近平新时代中国特色社会主义思想主题教育领导小组印发通知,动员全市各级党组织和广大党员干部把主题教育成效转化为战胜灾害的强大动力,坚决打赢防汛抗洪救灾这场遭遇战。市委宣传部积极争取中央媒体支持,统筹协调市、区两级媒体骨干力量2000 余人,全方位、全过程、全平台开展信息发布、正面宣传、典型报道和舆情应对等工作。宣传、气象、应急、水务、交通、规资等部门综合运用广播、电视、网站、抖音、公众号等各类媒体平台持续发布分区域、分河系、分灾种预警信息、避险提示和交通运输、物资需求、农业防灾等便民信息，覆盖全市群众 1300 余万人，形成政府主导、全社会共同参与的抗洪救灾良好局面。

（三）统筹资源，军地央地筑防线

1. 加强应急保障，物资快速调运

全面梳理掌握各区各部门需求，统筹各级各类应急救灾资源，随调随用，坚决保障抢险救灾需要。提前在市级物资仓库预置运输车辆，第一时间向静海等 8 个受灾区调拨编织袋、彩条布、土工布、排体、应急灯、救生衣、毛巾被等 39 类防汛抢险救灾物资，保障了先期处置需要；从唐山、保定以及天津相关区域紧急购置水泥、沙子等防汛急需物资，第一时间支援前线抢险；在抗洪关键期，国家防办、应急管理部从北京、山东、河南、江苏等地 11 个中央防汛抗旱、救灾物资仓库，增援大流量排水泵、围井、被褥等 13 类价值 4864 万元的防汛救灾物资。全市累计投入抢险资金 7.51 亿元，确保了涉洪区人民群众生命安全，最大限度地降低了经济损失。

2. 军地央地协同，社会多方支援

市、区两级抢险救援力量前置热备，夜以继日加固堤坝、转移群众、巡堤护堤、疏通道路、处置险情。随着抗洪战线增多、拉长，国家防总派出专家组现场督导、协调解决防洪重点、难点问题；中国人民解放军中部战区、天津警备区，武警天津市总队调动兵力 8411 人，驰援抗洪一线；国务院国资委紧急动员中国安能、中国中铁、中国铁建、中建集团、中交集团、国家电网等中央企业派出应急救援力量 14568 人，天津城投集团、天津城建集团等市属国有企业队伍 6808人，蓝天救援等社会应急力量 245 人，快速增援静海、滨海新区等区抗洪抢险。应急管理部、财政部、水利部、国家发展改革委等国家部委紧急下达防汛抢险救灾等资金 6.787 亿元；中华全国总工会下达救灾专项补助资金 200 万元；中国红十字会提供 1100 万元救灾款，全力支援天津抗洪抢险救灾工作。

（四）加强协作，勠力同心战洪水

1. 部门联动，凝聚抗洪合力

气象、水务、公安、消防救援等部门协同配合，建立技术巡查、流动巡查、定点巡查、专业巡查的四级巡堤查险体系，队伍与直升机、无人机配合，科学高效开展巡堤排险抢护；国资、住建等部门组织施工企业运输土方、加固堤防，全力支援大清河抢险；市防办、水务部门运用东淀蓄滞洪区、永定河泛区主动分洪、滞洪，累计超过19亿立方米，避免行洪河道溃堤；水务部门精细调度永定新河防潮闸、里自沽闸、宁车沽闸，累计泄水总量超过40亿立方米，防洪减灾效果明显。水利部海委、海河下游管理局全力开启入海水闸，降低行洪河道水位，确保上游洪水安全平稳下泄。全市金融机构通过绿色审批通道累计审批贷款合计23.37亿元，各财险公司已完成受灾理赔支付款1.14亿元。

2. 条块协同，一域服务全局

全市牢固树立防汛一盘棋思想，全力以赴做好群众转移安置工作。静海、西青、滨海新区和武清、北辰等区南北双线立足极端、迎战洪水，提前编制群众应急转移安置和口门分洪工作方案；蓟州、宁河、宝坻等区做好行洪河道沿线巡查管控，确保洪水安全下泄；水务、电力、农业农村、城市管理等部门第一时间妥当处理水、电、农药、油罐等危险源，切断管道燃气，落实小气罐安全防护措施；交通运输、消防救援等部门协助转运群众、运输物资；卫生健康、商务、公安、通信、应急等部门强化心理疏导和食品、饮水、通信、医疗保障以及安全管控，确保群众妥善安置。退水后，应急、水务、住房城乡建设、农业农村、卫生健康等部门组织相关区紧急开展清淤、房屋安全评估、消杀、动物尸体无害化处理等工作，及时做好转移群众回迁工作。

3. 复盘总结，打一仗进一步

退洪伊始，市防指立即组织成员单位和有关区有关部门对本次洪水应对工作进行复盘，总结经验成效，梳理防范应对问题短板，提出防洪工程体系不完善、防汛指挥体系有待健全、监测预报能力尚需提升、预案可操作性仍需优化、应急保障能力有待加强、防汛基础能力亟待增强等问题，逐一拟定对应改进措施，进一步增强全市防灾减灾救灾综合能力。

三、经验及启示

（一）主要经验

1. 流域联防联控是防汛抗洪取得全面胜利的坚实基础

本次流域性特大洪水防御过程中，水利部海委以流域为单元，会同北京、天津、河北统筹调度动用京津冀地区 84 座大中型水库和 8 处国家蓄滞洪区充分拦洪削峰错峰，拦蓄洪水 53.8 亿立方米，充分发挥流域防洪工程体系"上蓄、中疏、下排，适当地滞"的防洪减灾综合作用，有力缓解了下游防洪压力，为战洪水、护平安赢得了宝贵时间。面对流域性大洪水，一定要强化京津冀三地流域上下游、省市间一体化调度，确保防洪工程发挥最大防御作用，为抢险救援争取时间和空间，最大限度地减少洪水影响和损失。永定河系、大清河系国家蓄滞洪区启用情况见表 3。

表3　永定河系、大清河系国家蓄滞洪区启用情况

河系	蓄滞洪区	启用时间	洪水入境时间	退水时间
永定河系	永定河泛区	8月2日6时	8月1日22时10分	8月19日
大清河系	小清河分洪区	7月31日12时		
	兰沟洼	7月31日23时30分		
	东淀	8月1日2时	8月4日12时	9月25日

2. 坚持预防为主是防汛抗洪取得全面胜利的首要前提

汛前，市防办针对今年极端天气多发频发的趋势，以及基层责任

人调整变化较大的新形势，立足"防大汛、抢大险、救大灾"，实施"2023·守卫津城"防汛专题活动，邀请国家防办专家对市、区、乡镇、村四级防汛责任人开展大培训，进一步提升履职能力；制作天津防汛形势专题片和"四防"推演教导片，让各区各部门各单位充分认识天津及海河流域防汛难点，全面掌握洪涝灾害防范应对要点和方式方法。依托市防指成员、专家组建立 10 个检查组，分片包区开展两轮次风险隐患排查整治督导检查，"一区一单"督办，跟踪问题整改到位，坚决杜绝"带病入汛"。特别是针对东淀蓄滞洪区启用、群众跨区转移、分洪口门扒除等进行系统化实操演练，为本次海河流域性特大洪水防御提供了坚实保障。

3. 健全预案体系是防汛抗洪取得全面胜利的制度支撑

针对近年来北方极端天气引发局地洪涝灾害趋势加剧的不利因素，天津聚焦防"极端"，坚持"两个至上"，建立了以市防汛抗旱预案为统领，各行业各部门分预案为骨干，涉及险工险段、蓄滞洪区、低洼积水片、防潮责任段、山洪威胁村等 109 处薄弱环节的"一处一预案"，包括下沉道桥、轨道交通、水电气网等"关停限避"29 项机制和以强降雨应急处置、宣传发布、"三省一市"渔船回港机制为支撑的"四防"预案方案体系，为防汛抗洪提供了有力支撑。特别是防洪应急响应启动后，较为完备的预案体系为迅速、高效、有序、有力地开展抢险救援、物资调运、交通疏导、电力保障、生活救助等各项工作提供了依据和指导。

4. 加强科技支撑是防汛抗洪取得全面胜利的第一防线

监测预警作为防汛的耳目，在指挥决策调整方面发挥着至关重要的作用。本次防洪过程中，由于永定河泛区、东淀蓄滞洪区启用后，对周边道路进行管控，人员无法进入蓄滞洪区内，且蓄滞洪区因多年不来水缺乏水文监测站点，难以开展洪水实时监测。为及时掌握汛情，市防指组织水务、公安、消防救援、通信等部门建立无人机团队，对上游河道、蓄滞洪区内洪水实况进行实时巡航，及时掌握上游洪峰过境情况，有效解决了水情看不到、测不了的难题，为下游河道堤防应急除险加固抢抓了时间窗口。另外，在苗头排干堤紧急加高指挥前线，搭建海康威视无线监控系统、通信保障车等发挥了重要的信息获取和保障作用。抢险过程中，现场监控系统、通信保障系统、无人机、雷达自动水位计一系列先进设备和系统的应用，也为现场指挥提供了有力的辅助决策技术支撑。

5. 夯实防抢体系是防汛抗洪取得全面胜利的基本保障

本次流域性特大洪水防御过程中，市、区两级抢险救援力量12万人持续热备，一线布防抢险排水设备16628台套；汛前全市储备3.8亿元可调用物资，在259个重点部位预置物资58类，为抗洪抢险做足了队伍物资准备。在抗洪抢险救灾期间，坚持按照"属地负责"的原则，健全以区、乡镇（街道）、村（社区）三级应急抢险救援队伍为主力军，以市级专业分梯次可调动力量为增援的多层级防抢力量布局，做好"平""战"转换，做到了快速响应、协同作战、有效处置；坚持结合堤防险工险段、城区易积水点、山洪灾害和风暴潮易发区等薄弱环节分布情况，细化实化物资调配布防，加大下沉前置一线力度，充分发挥一线抢险物资保障效能，确保关键时刻物资调得动、用得上，队伍拉得出、打得赢。

6. 精细转移安置是防汛抗洪取得全面胜利的重要手段

市防办密切关注汛情变化，提前下发做好群众转移安置工作通知，每隔1小时统计工作进度，及时下发加快群众转移进度的督导函，洪水来临前3小时再次组织人员转移摸排，确保应转尽转，不漏一人。"村干部带领、警车全程护送"，转移、安置双方实现无缝衔接，全力做好"房间启用就绪—信息对接—接驳转运—人房对照—安置到位—服务保障"全环节工作。制作居室信息"房卡"，实现"人找房"无障碍，确保安置人员顺利、高效入住安置点。安置点每天开展健康讲座、图书馆流动服务车进驻并安排医护人员每日巡诊，组织书法、棋牌、健身、纳凉等休闲娱乐活动，缓解群众焦虑情绪，保持舆情平稳。针对涉洪区内畜禽需紧急转移的情况，开辟绿色通道，尽最大努力方便养殖场户检疫出栏，提前协调对接多家屠宰企业、养殖企业共同帮助解决销售转移等问题，最大限度地降低群众财产损失。

（二）工作启示

1. 全面提高流域工程防洪能力

本次洪水防御过程中暴露出海河流域上下游防洪工程治理不均衡，区域间防洪能力差距加大的问题。建议加强国家层面防洪工程顶层设计，统筹全局、着眼长远，结合流域防洪重点和经济发展实际，加快调整完善整体防洪规划、工程标准，优化河道、水系、蓄滞洪区布局，构建以河道堤防为基础、大型水库为骨干、蓄滞洪区为依托的防洪减灾工程体系，实现流域整体工程防御能力提升。

2. 进一步提升综合指挥能力

本次洪水防御过程中暴露出应急指挥、物资调配、力量调动、协调联动机制等方面还存在薄弱环节，应急指挥救援机制尚不完善。防办需要进一步发挥统筹协调作用，组织修订防汛预案，完善应急响应启动、解除条件，细化各成员单位、各分部、各工作组职能，规范联席会议、会商研判、指挥调度、情况报送、培训演练等工作任务；健全洪水应对等工作机制，优化前后方指挥机构设置、规范信息互通、应急资源调配、抢险救援处置等工作程序，切实提升防汛应急指挥能力。

3. 深入推进流域联动协作

本次洪水防御过程中暴露出上下游信息数据共享机制不够完善、气象水文监测预警水平不高的问题，影响了指挥决策效能。需要继续深化与流域机构互通，加强京津冀三地协同，强化上下游省市间雨水情等重要情况通报会商、应急资源信息共享交流和应急力量联演联训，实施流域一体化调度，形成流域间、区域间联防联控和应急响应强大合力。

4. 加快建立蓄滞洪区运用补偿标准调整机制

本次洪水防御过程中暴露出蓄滞洪区运用补偿标准偏低的问题。现行的蓄滞洪区运用补偿办法年代较早，补偿对象、范围和标准难以满足当前经济社会发展需求，建议国家层面尽快建立补偿标准定期调整机制，减轻受灾群众损失，保证蓄滞洪区能够正常启用。

海河"23·7"流域性特大洪水是对天津防汛抗洪救灾能力的一次全方位实测，凭借各级党委政府的坚强领导、常年对防汛防洪工作的常抓不懈、时时放心不下的责任感、年年以练代战锻造出的过硬本领成功应对，取得了人员安全、堤坝安全、行洪安全的全面胜利，为今后做好防汛工作积累了经验、指明了方向。全市上下将继续坚持问题导向，立足当下、着眼长远，研究制定"补短板、强弱项、固机制、防风险"措施，全面提升防台防汛减灾抗灾应急能力。

四川泸定 6.8 级地震灾害应急处置案例

2022 年 9 月 5 日 12 时 52 分，四川省甘孜州泸定县发生 6.8 级地震，造成重大人员伤亡和经济损失。四川省抗震救灾指挥部随即开展人员搜救、伤员救治、受灾群众安置、抢修抢通基础设施等应急处置工作。通过分析该地震灾害应急指挥与处置情况，总结地震灾害应急处置的经验和教训，为类似灾害处置提供借鉴与参考。

一、地震震情灾情概况

（一）灾区范围及烈度分布

本次地震震中位于四川省甘孜藏族自治州泸定县磨西镇（北纬 29.59 度，东经 102.08 度），震源深度 16 千米。震中海拔约 2800 米，距泸定县城 39.5 千米，距雅安市石棉县城 49 千米。此次地震最高烈度为 9 度，等震线长轴呈北西走向，长轴 195 千米，短轴 112 千米，6 度区及以上面积 19089 平方千米。其中，9 度区面积 280 平方千米，8 度区面积 505 平方千米，7 度区面积 3608 平方千米，6 度区面积 14696 平方千米。涉及四川省甘孜藏族自治州泸定县、康定市、九龙县、丹巴县、道孚县、雅江县，雅安市石棉县、汉源县、荥经县、天全县以及凉山彝族自治州冕宁县、甘洛县，共计 12 个县（市），82 个乡镇（街道）。

（二）人员伤亡情况

地震造成甘孜、雅安、乐山、凉山等市（州）24 个县（市、区）54.8 万人受影响，其中烈度 6 度及以上区涉及甘孜、雅安、凉山 3 市（州）12 个县（市、区）54.5 万人受灾，97 人死亡、20 人失踪，423 人受伤，8 万人紧急转移安置。此次地震造成的死亡和失踪人员分布在甘孜藏族自治州泸定县和雅安市石棉县，其中，泸定县集中在得妥镇（31 人死亡、6 人失踪），磨西镇（18 人死亡、1 人失踪），德威镇（3 人死亡），冷碛镇（2 人死亡、1 人失踪）；石棉县集中在王岗坪乡（27 人死亡、12 人失踪），草科乡（8 人死亡），新民乡（7 人死亡），燕子沟镇（1 人死亡）（图 1）。

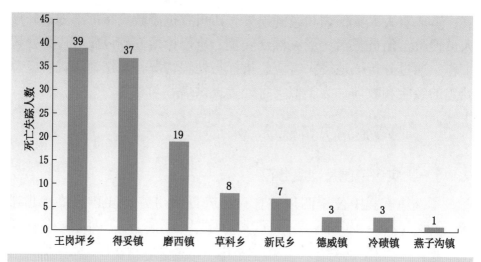

图 1　四川泸定 6.8 级地震死亡失踪人员分布示意图

（三）房屋倒损情况

据四川省减灾委专家委核查评估，本次地震共计造成民房倒损59654 户，其中农村住房 44128 户（甘孜州 27921 户，雅安市 15717户），城镇住房 15526 户（甘孜州 11514 户，雅安市 4012 户）。

（四）基础设施破坏情况

道路方面：国省干线有 101.1 千米路基和 120.7 千米路面受损，7997.1 延米桥梁受损，9082.3 延米隧道受损，1834 处护坡、驳岸、挡墙受损；其他公路有 685.8 千米路基和 953.1 千米路面受损，

3537.2 延米桥梁受损，500 延米隧道受损，4101 处护坡、驳岸、挡墙受损。

通信方面：泸定、石棉两县 421 个基站退服，累计受损光缆 872 千米，5.27 万户公众通信受到影响。三分之一受灾地区信号中断，灾区多处形成孤村、孤岛。

电力方面：四川电网 1 条 500 千伏线路跳闸（重合成功），500 千伏石棉站 3 台主变漏油停运，5 座 110 千伏、4 座 35 千伏变电站停运，5 条 110 千伏、9 条 35 千伏、46 条 10 千伏线路停运，造成 43158 户用户停电。

水利方面：558 处（座）水利工程（设施）不同程度受损，1421 处灌溉设施受损，72.45 千米 3 级及以下堤防受损，2286.7 千米人饮工程水渠（管道）受损。

市政设施方面：71.9 千米市政道路受损，12 个水厂和 105.6 千米供水管网受损，18 个污水处理厂和 65.6 千米雨水管网、100.2 千米污水管网受损。8 个垃圾无害化处理设施和 11 个垃圾转运设施受损。

（五）次生灾害情况

地质灾害：震后原有地质灾害隐患点变形加剧 151 处，已销号隐患点复活 52 处，震后新增地质灾害隐患点 686 处。此次地震引发的地质灾害类型主要为中、小型规模高位崩塌滑坡，主要位于地震烈度 8 度和 9 度区域。降雨天气影响方面，震后几天有几次小到中雨，导致地质灾害风险加剧。

堰塞湖险情：泸定县得妥镇湾东河（大渡河一级支流）被滑坡体堵塞，造成局部断流，形成堰塞湖。

（六）直接经济损失评估

据四川省减灾委专家委员会核查评估，灾区居民住房和家庭财产、基础设施、产业损失、公共服务系统等因灾直接经济损失 154.8 亿元。

二、现场应急处置概况

（一）启动应急响应

国务院抗震救灾指挥部、应急管理部震后启动国家地震二级应急响应，国家减灾委、应急管理部启动国家三级救灾应急响应。四川省抗震救灾指挥部启动省级地震灾害一级应急响应，四川省减灾委启动省级自然灾害一级救助应急响应。雅安市、甘孜州在震后分别启动地震、自然灾害救灾一级响应，并成立抗震救灾指挥部。

（二）指挥协调工作

国务院抗震救灾指挥部办公室、应急管理部震后第一时间派出先期工作组，国务院抗震救灾指挥部派出由中央宣传部、工业和信息化部、公安部、自然资源部、住房城乡建设部、交通运输部、卫生健康委、应急管理部等部门相关人员组成的工作组连夜赶赴灾区，指导地方开展抗震救灾工作。

四川省委省政府主要负责同志靠前领导指挥，成立省市（州）县前线联合指挥部，统筹设置13个工作组，统领军、地、企各类救援力量，建立任务集中受领机制，实现扁平化指挥、清单化管理。西部战区派出战区前进指挥所，按照指挥部统一部署，指挥驻川部队参与抗震救灾工作。市、县两级党政领导逐级下沉，实行分级包干责任制，确保党的领导贯穿救援救灾全过程。

（三）人员搜救排查

一是人员搜救工作方面。指挥部坚持把抢救生命作为第一要务，抢抓72小时救援黄金期，建立"一对一"精准搜救工作模式，累计出动解放军和武警部队、民兵预备役、公安、消防救援、森林消防、安全生产、应急救援、医疗救援、通信电力、道路抢通等各类救援抢险力量1.3万余人、11架直升机，救援装备6204台（套），建立"水陆空"立体救援通道，会同当地救援力量分区分组、进村入户，组织开展 4 轮拉网式全覆盖排查，转移避险群众 6 万余人。

二是失联人员排查方面。地震发生后，组织国家、省、市等专业及社会救援队伍拉网式巡查搜救失联人员。组织专业力量、武警官兵、党员干部等建立突击队，聚力攻坚"四断孤岛村"，震后 4 小时，救援队进驻第一个"四断孤岛村"，震后 32 小时，12 个"四断孤岛村"通信恢复，各方救援力量全线并进，"孤岛村"生命通道有效打通。构建"1 名县级领导+1 名向导+1 支专业队伍"机制，集中专业救援力量，持续加大对失联人员的搜救力度。

三是空中救援实施方面。指挥部及时启动上下、军地、企地、区域等联动机制，协调调度应急管理部布防四川森林航空消防直升机 5 架、空军部队直升机 2 架和运输机 1 架、陆航部队直升机 2 架、省级通航救援队伍直升机 1 架，总计 11 架救援飞机投入抢险救灾。同时，应急管理部跨省调度 1 架翼龙大型固定翼无人机，会同四川省调度 1 架腾盾大型固定翼无人机，在重灾区上空联合开展应急通信保障。

四是水上救援实施方面。面对异常复杂的救援环境，审时度势建立"水陆空"立体救援通道，有效地突破了地形因素限制，大幅提升了救援效率。四川省消防救援总队建立水域转移群众通道，水路行驶 1899 船次、转运人员 6010 人、运送物资 189.6 吨。四川省森林消防总队组建水路营救分队，19 艘舟艇连夜转运挖角村、幸福村、跃进村 100 余名受伤群众。交通运输部门采取公路加水运结合的方式，紧急调用船舶 24 艘，开行 1196 航次，转运被困群众和运送救援队伍 9199 人次。

（四）伤员救治

国家卫生健康委全面部署伤员救治、卫生防疫、心理干预与康复等各项工作，震后紧急调派国家紧急医疗应急力量和专家赴一线支援，指导支持伤员救治和疫情防控工作。四川省卫生健康委、相关医院组织 272 人的医疗救援队伍在灾区全力救治受伤人员，423 名伤员均得到有效医治。

一是调配优势医疗资源。按照"集中伤员、集中专家、集中资源、集中救治"的"四集中"原则，制定"一对一"救治方案，强化危重症、重症伤员救治，最大限度减少因震致死、因伤致残。

二是明确接收伤员医疗机构"一把手"负责制。指定四川大学华西医院、四川省人民医院、雅安市人民医院作为危重症伤员定点救治医院，华西医院专家团队进驻灾区指导医疗救治工作。

三是组织医疗力量开展巡回诊疗服务。在大型安置点设立 52 个临时医疗点，累计开展巡诊医疗 5.31 万人次，健康知识宣传教育 7.4 万余人次，心理咨询评估 1270 人次，心理干预 1.32 万余人次。

（五）受灾群众安置

一是全力调运救灾生活物资。连续作业 38 小时，共向灾区运送 63 车 11 万件套救灾物资，其中，向甘孜藏族自治州调拨 6.4 万件套（中央物资 1.8 万件套，省级物资 4.6 万件套），向雅安调拨 4.6 万件套（中央物资 0.5 万件套，省级物资 4.1 万件套）。

二是妥善做好群众临时安置工作。设置临时安置点 189 个，统一烧火做饭，集中提供热食，落实分片包保和点长专职负责，严格落实"五有三保障"要求，调运救灾和防疫物资 1400 余吨，加强受灾群众生活保障，强化集中安置点人员出入、卫生清洁、物品发放、疫情防控等工作。

三是全力做好群众过渡安置工作。出台受灾群众过渡安置救助标准和过渡安置方案，采取投亲靠友、自主租房、公共房屋安置、新建板房等多种方式做好过渡期受灾困难群众安置工作。加大过渡安置期间受灾困难群众救助力度，全力做好困难群众基本生活兜底。

四是扎实做好过冬群众安置工作。提前摸排灾区受灾群众温暖过冬御寒物资需求，统筹利用灾区本级库存救灾物资和省级剩余前置物资储备，提前谋划地震受灾困难群众救灾物资保障计划，确保受灾群众温暖过冬。

（六）抢修抢通基础设施

1. 交通抢险方面

一是创新抢险救灾模式。采取"1+2+N"的前线应急管理运行模式，即整合省市（州）县三级交通部门、蜀道集团等交通类国企和社会应急力量，集中开展会商勘查、现场勘查，最大限度提升运转效率。二是调集配强抢险力量。累计派出抢险救援队伍近 17000 人次，出动挖掘机、装载机、应急动力舟桥等大型救援机具设备近 4700 台班，调度周边成都、乐山等市抢险队伍随时待命。三是迅速抢通生命通道。查清 274 处国省干道、农村公路受损情况，震后 27 小时抢通泸定直达震中磨西的道路，"黄金 72 小时"内抢通 263 处道路阻断点，确保搜救力量迅速直达一线救人，仅用 24 天即抢通所有阻断路段。四是全力抢运人员物资。针对震区复杂的地理环境，实施"军地""空地"转运行动，迅速调集震区周边市（州）应急客车 687 辆次、货车 502 辆次，运送景区游客、工作人员和受困群众、抢险队员 8567 人次，救灾物资 2438.5 吨。五是保障运输通道畅通。震后 680 个全省高速公路收费站立即开启应急通道 1397 条，保障 8994 辆应急救援车辆免费快速通行，在雅西、雅康高速设置 3 个通行证办理点服务抢险往来车辆。六是密切监测严防灾害。聚焦存在边坡失稳、桥梁受损、隧道洞口落石等风险的路段，及时开展隐患排查和安全评估，严格落实警示防范措施，设置管制点位、地灾观察哨，落实现场管制或安全人员，设置标志标牌、警戒线，确保安全通行。

2. 电力抢险方面

出动应急抢修力量 3193 人、车辆 966 辆、发电装置 335 台、应急照明 152 套、有人直升机 2 架等应急装备参与抗震救灾工作。通过"水、陆、空"齐头并进，震后 4 小时点亮灾区"第一盏灯"，7 小时实现安置点全部通电，23 小时主要线路恢复供电，29 小时"孤岛"石棉县王岗坪乡临时安置点通电，磨西镇全域市电供电得到央视实时直播，时长近 4 分钟。经过 6 个昼夜连续奋战，9 月 11 日 18

时全面恢复灾区供电。

3. 通信抢险方面

一是全力抢通。迅速构建协调军、地、行业、队伍间的协助机制，采用"空""天""地""水"全方位推进方式，紧急打通通信孤岛。二是迅速恢复。针对性制定"一村一策一方案"，采取"挂图作战""分村包干""插红旗"等方式，限期恢复行政村通信网络。经全力奋战，灾后5个小时恢复震中磨西镇通信，7小时恢复王岗坪乡、德威镇通信，40小时恢复全部乡镇级通信，76小时恢复行政村通信，5天内灾区通信网络恢复至震前水平。三是重点保障。在抗震救灾指挥部、灾民安置点、抢险救灾现场利用卫星便携站、卫星基站车、临时布设光缆等方式开通应急移动通信基站，提供应急通信保障服务；紧急调度应急保障队伍，为武警、消防、交通等抢险队伍在湾东、王岗坪等地提供持续伴随通信保障，设置灾区服务点，为受灾区域用户提供欠费"缓停机"、免费电话、Wi-Fi、充电等服务。

4. 市政抢险方面

一是扎实开展应急评估。抽调省、市（州）、县三级住建系统共300余名应急评估专家，深入灾区一线开展应急评估工作。首次启用地震应急评估智能系统，全面推动灾区房屋建筑和市政设施应急评估工作，并将评估结果通过"红黄绿"三色标识张贴于建筑物醒目位置。五天内，全面完成数万栋房屋建筑和市政基础设施应急评估工作。二是及时保障灾区应急供水和如厕需求。联系国家供水应急救援中心西南基地紧急出动7台救援车、19名技术人员，保障贡嘎广场、磨西中学、德威等临时安置点4000余名群众的饮用水需求。组织力量开展抢修应急水源设施、强化原水消毒、勘测新取水点、修复渗漏管道和筹建新供水管道等工作。同时，分批支援泸定县52座、石棉县48座移动式公厕，有效解决了部分临时集中安置点群众如厕困难问题。三是全面完成房屋安全鉴定。在应急评估基础上，采取增配技术力量、优化鉴定流程、强化调度检查等多种措施，指导18家鉴定机构、564 名专家开展灾区房屋安全鉴定工作，9 月 21 日全面完成鉴定工作，完成房屋安全鉴定 32332 栋，为过渡性安置和住房恢复重建提供重要支撑。

（七）次生灾害防范

1. 地质灾害方面

一是争分夺秒应急排查。采取厅级干部带队、部省专家协同、地勘单位支撑、基层积极配合的工作模式，聚焦有人居住地、临时安置点、抢险救援通道，分县、包片、分组开展震后次生地质灾害应急排查工作，仅用 60 小时就完成震区首轮次生地质灾害应急排查，并通过张贴"红黄绿"三色警示标识提醒做好防范应对。二是全面细致重点详查。在用好首轮应急排查成果的基础上，对地质灾害极高、高风险区开展第二轮全覆盖重点详查。同时，利用直升机搭载三维激光扫描设备对泸定县磨西镇、得妥镇和石棉县王岗坪乡等重点乡镇共350 平方公里开展逐一"体检"，重点圈定高位远程、威胁较大地灾隐患"靶区"179 处。三是全力防范"地震+降雨"风险。严格落实震区预警提级响应要求，制作发布"9·5"泸定地震地质灾害专题预警，督促指导震区抓好"地震+降雨+地灾"等多灾叠加防范应对工作。震后灾区未发生一起因次生地质灾害造成的人员伤亡事件。四是积极开展震后次生地质灾害应急处置。组织召开地质灾害资金申报和规范使用工作视频会议，督促加快做好次生地质灾害应急处置，在财政部、应急管理部前期安排救灾资金 2 亿元基础上，再次向中央申请次生地质灾害应急处置资金 2 亿元。

2. 水利灾害方面

一是紧急开展风险排查处置。组织市（州）水利部门派出队伍818 支 3497 人，对震区水利工程、堰塞湖等次生灾害隐患点持续开展拉网式排查和风险研判，紧急排查全省水利工程 7460 处（座），逐一落实风险隐患应急处置措施。二是突出强化山洪灾害防御。"点对点"督促指导泸定县、石棉县落实风险排查评估、加强监测预报预警、刚性组织避险转移、恢复基层防灾体系等防范应对措施。三是统筹抓好灾后恢复重建。加快开展震区水利工程受损情况全面排查统计和系统评估，抓紧启动重建规划编制工作，有序开展震后水利重建。

3. 矿山灾害防范

国家矿山安监局指导四川开展矿山影响情况排查，要求灾区企业第一时间停产撤人，防止发生次生灾害。地震影响区内矿山企业紧急停产80处撤出3256人，尾矿库停运6座撤出21人，矿山企业未发生因地震导致的人员伤亡。采用远程监察和现场执法相结合方式，指导地方安全监管部门抓好矿山企业风险管控、隐患排查整治、有序复工复产等工作。

（八）社会秩序管控

1. 交通管控方面

组织交警投入2300余人，围绕470余千米高速、580余千米国省道受灾通道，按照"凭证通行、远端分流、近端防控、核心严控"原则，科学制定道路交通管控预案方案，设置10个分流点、2个通行证办理点实行远端多点多层分流，组织3支应急处突队前置灾区，一线开展组织调度，全力确保救援"生命通道"畅通。同时，针对灾区降雨天气，提前做好预案、预警和应急交通组织准备，确保救援生命通道始终畅通和持续安全。

2. 社会治安方面

按照"见警察、见警车、见警灯"要求，在灾区群众集中安置点设置37个"帐篷警务室"、31个治安快反卡点、27个快反布警点，做到支部建起来、警旗插起来、警灯亮起来；组织2200余名巡防警力，全面加强安置点守护及灾区治安巡逻，及时调处各类纠纷162起，为群众提供身份证、户籍证、失联人员查找等服务事项1710余起，努力让群众安心放心。对受损房屋分区设立守护点位并24小时值守，严防受灾群众私自返家带来新的安全风险。对震区涉及的 187 个民爆物品库房安全隐患进行拉网排查，落实守护措施，确保绝对安全。

（九）舆论引导

一是把好舆论导向，形成网上正面宣传压倒性态势。及时传达宣传习近平总书记对泸定地震作出的重要指示和李克强总理等中央领导同志批示要求，凝聚全社会关心关注抗震救灾的共识；先后召开 6 次新闻发布会，公开发布权威信息，积极回应群众关切；协调主流媒体适度有序做好抗震救灾新闻宣传，推出多篇正面报道，大力宣传新时代的英勇感人事迹。二是坚决守住底线，确保涉震舆情态势平稳可控。建立协调联动机制，坚决守住不发生重大负面舆情的底线；明确除权威部门官方发声和中央权威媒体报道外，非权威信息一律不上热搜热榜，正确把握新闻宣传口径和方式，及时、准确报道有关部门发布的权威信息；坚持网上网下"双线作战"，7×24 小时开展网络舆情监测，累计处置涉地震有害信息 1.1 万余条、传谣信息 118 条，落查网民 20 人。三是强化科普宣传，营造抗震救灾良好氛围。密集推送各类抗震救灾科普图文、视频；指导受灾地区开展防震减灾、科学避灾、灾后防疫等防灾减灾科普知识宣传工作，有效提升了人民群众的防灾减灾意识，增强了自救互救能力。

三、灾害处置经验、不足及启示

（一）灾害应急处置经验

此次抗震救灾工作取得阶段性胜利，从根本上说，是四川省委省政府及相关部门、中央各部委、解放军和武警部队、企业组织和社会各界认真贯彻落实习近平总书记关于防灾减灾救灾重要论述和抗震救灾重要指示精神，始终把人民群众生命安全摆在首位，把"四个意识""四个自信""两个维护"融入抗震救灾的实践成果。其中一些经验和做法值得长期坚持，并在今后的工作中继续巩固、完善和发展。

1. 坚持党的集中统一领导是抗震救灾取得胜利的重要保证

地震发生后，习近平总书记作出重要指示，李克强总理作出批示，王沪宁、韩正等中央领导同志先后作出批示并提出工作要求，王勇国务委员多次视频调度并做出具体工作安排，中央委派由国务院抗震救灾指挥部副指挥长、应急管理部部长率有关部委负责同志组成工作组，深入灾区一线指导协调救灾工作，省委、省政府主要负责同志靠前领导指挥，市、县两级党政领导逐级下沉，实行分级包干责任制，这些都为取得抗震救灾阶段性胜利奠定了根本保障。

2. 树牢底线思维忧患意识是抗震救灾取得胜利的关键所在

四川省委省政府认真贯彻党中央、国务院和国务院抗震救灾指挥部工作要求，高度重视地震防范应对准备工作，省委省政府主要领导多次召开专题会议或在不同会议场合部署防震减灾工作，分管副省长、省抗震救灾指挥部指挥长多次作出指示批示，要求有关市（州）和部门针对特大地震风险加强防范应对准备。各地各部门（单位）纷纷将地震防范应对工作纳入党委（党组）会议专题研究落实，这些工作成效在本次抗震救灾中得到充分体现。

3. 强化极端情况应急准备是抗震救灾取得胜利的重要措施

近年来，四川省立足指挥调度，编制《四川省多灾种叠加应急预案（试行）》，推动市、县两级全面修订完成地震应急预案，指导重点市（州）、县（市、区）细化制定重特大地震专项应急救援行动方案。立足极端保障，向雅安市前置专业救援力量，向多个市（州）前置物资超过 30 万件（套），测试大型无人机组网建立"空中基站"。立足练兵备战，连续 10 年开展省级抗震救灾综合演练，各地各部门全年开展各类抗震演练超 1500 场次，进一步提升了综合实战能力。

4. 发挥党的基层组织作用是抗震救灾取得胜利的坚实保障

地震发生后，乡村各级党员干部坚守岗位，各条战线党员干部勇往直前，把支部建在灾区，把党旗竖在一线，充分发挥党员先锋模范作用，带动各行各业涌现出一大批先进典型，有"飞夺泸定桥式救援"的公安特警，有身背孩童攀越滑坡的消防队员，有舍命拉闸泄洪的水电站工人，让灾区人民群众有了主心骨、贴心人，坚定了战胜灾害的信心，稳定了社会正常秩序，保障了救援救灾工作有序开展。

（二）存在的不足

1. 灾情获取报送能力还存在弱项

一是灾情获取手段仍有欠缺。地震导致灾区通信临时中断，泸定县得妥镇、石棉县草科乡、王岗坪乡等形成"信息孤岛"，一时通信无法联络，灾情收集汇总上报不及时，基层灾害信息员作用发挥不足，信息收集传递受到阻碍，第一时间重灾区信息掌握有差异，影响指挥决策。二是卫星电话等应急通信设备作用发挥有限。2020年，财政部、应急管理部专项下达四川基层应急通信能力建设资金6694万元，购买"天通一号"卫星通信设备，基本实现乡镇一级全覆盖，但偏远村、重点村配备仍不足。同时，受地形、天气等限制，卫星电话通话质量不佳。三是遥感地图支撑力度不足。震后辅助决策极其需要的地理信息不够全面，地震专题图件等产出、数据产品不能够满足地震应急救援工作的需求，辅助决策效果不明显。例如：泸定县得妥镇反映卫星电话通话嘈杂、信号不稳定；地震正值华西秋雨期，灾区多云多雨，高分卫星等获取灾区影像易受云雾影响。

2. "三断"情况应对能力仍有不足

一是"三断"情况依然突出。灾区道路、通信、电力受损严重，抗灾韧性不足。二是抢通保畅能力有待提升。灾区多处道路高位垮塌形成"断头路"，且因临水临崖、道路狭窄等原因，大型设备无法多点施工。同时，由于降雨、余震的影响，山体反复出现滑坡、塌方，严重影响了抢险救援进度。三是航空救援能力有待提升。此次地震为汶川地震后，航空救援力量投入最多的地震，总计投入11架救援飞机开展抢险救灾。但灾区航空基础设施薄弱，绝大多数乡镇无直升机临时起降场，且通航企业大型高原型直升机不足。

3. 地震次生地质灾害风险精准评估与有效防治难度大

一是地质灾害隐患点大量存在。此次地震前，泸定、石棉海螺沟等地在册地灾隐患点有 2886 处，地震又使灾区山体松动、岩石破碎，震后排查发现变形加剧 315 处，已销号隐患点复活 65 处，新增地灾隐患点 686 处。二是次生灾害隐蔽性较强。地震区地势陡峻、山体松动，崩塌、滑坡的迹象还未完全表现出来，次生灾害的发生更具隐蔽性，再加上因灾区植被茂密、降雨丰富，增大了地质灾害隐患发现的难度。三是重点防治任务艰巨。地震灾区处于地形条件复杂的高山峡谷地区，地质构造复杂，在经历多次本地及周边历史地震后，地质环境更加脆弱，叠加后期降雨、余震等影响，防范治理难度很大。

4. 预案演练与救援实际存在较大出入

一是应急预案缺乏针对性。灾区基层普遍制定了应急预案，但存在"缺角""漏项"、与上级预案衔接较差或上下一般粗等问题，预案操作性不强。二是基层地震应急预案全覆盖还有"死角""盲区"。部分人员密集场所、重点设施单位未编制地震应急预案，应急预案未做到应编尽编。三是预案演练与救灾实际存在较大出入。日常演练大都处在预设情况、自导自演的浅层次，车能直接开到救援现场，拿的装备都能用，要用的装备也都有，与此次救援中"多样化"救援环境相比，任务量小，难度低。例如：雅安市、甘孜藏族自治州针对"三断"极端情况，创新编制了重特大地震应急救援行动方案，虽对断路、断电、断网等灾情进行了预判，但对"三断"的影响范围、程度估计不足，解决办法考虑还不够全面，特别是空中和水域救援，方案还存在弱项。泸定 6.8 级地震"三断"严重，次生灾害发育，人员居住分散，重灾区都在偏远乡村，既有土石结构倒塌造成的表层埋压，又有山体滑坡造成的深度埋压，救援任务复杂多样、真正实现了"水、路、空、天"救援齐上阵。

5. 基层抗灾与应急能力仍然存在短板

一是房屋建筑抗震能力薄弱。泸定县、石棉县均为8度及以上设防要求的高烈度设防区域，但灾区长期存在大量砖木、石木结构的老旧自建房屋，并且由于陡坡、山谷地区存在场地放大效应，导致地基失效加重房屋破坏。二是群众自我防护意识普遍较弱。四川多灾易灾区域往往是经济发展欠发达地区，群众大多以老幼留守人员为主，自身防灾意识与避险能力有待提升。三是基层抢险救援队伍能力不足。乡镇（街道）和村（社区）救援队伍普遍缺乏撑顶、破拆等装备设备，当遭受严重破坏，面对房屋建筑废墟和次生地质灾害掩埋，自援能力明显不足。据震后应急评估，泸定县和石棉县11766栋农村房屋中，47%被判定为禁用或限用。

（三）灾害应急处置启示

1. 强化灾情实时获取与快速研判能力建设

一是加强多渠道灾情信息实时获取能力建设。要强化灾害信息员队伍、"轻骑兵"前突小队和志愿消防速报员队伍等力量建设，加大偏远地区、高山峡谷区、次生灾害易发地区的乡（镇）、村（社区）卫星电话、短波电台、超短波步话机、北斗短报文等多种通信手段力度，提升卫星遥感、无人机等灾情信息获取能力。二是编制综合人员排查工作方案。要探索建立大灾后按户籍和流动人口排查、手机定位排查、人员搜寻排查等各种方法，确保大灾后尽快摸清死亡、失联人员基本情况。三是进一步完善灾情信息统计报送机制。规范责任主体、发布渠道、发布方式、时限要求，强化灾情信息统计、上报和发布归口管理，灾情信息发布要遵循"先上报，后发布"原则。四是提升地震灾害快速评估能力。针对此次地震灾害损失自动快速评估次生地质灾害造成人员死亡估计不足情况，加强次生地质灾害等影响因素的研究，进一步提升灾情快速评估的准确性。

2. 强化"三断"情况下的抢险救援能力建设

大震极易形成"三断"、救援孤岛、信息盲区等情况，有关措施还要强化。一是加强铁路、公路、民航、水路等抗灾能力建设。增强应对大震巨灾能力、"水陆空"立体应急运输和区域整体运输协调能力。二是加强应急通信能力建设。制定"三断"情况下应急通信保通保畅系统性解决方案，健全大震巨灾应急通信保障机制，在地震重点危险区提升无人机应急通信组网能力，在偏远山区乡镇预置小型通信应急基站，完善空中救援空地通联调度方案。三是加强特种应急救援培训和实战演练。在抗震救灾演练中加大"三断"极端条件下航空水面等救援科目设置和实战演练力度，进一步完善预案演练。

3. 强化次生地质灾害防范和处置能力建设

充分吸取此次地震应对初期对次生地质灾害的严重性及其对整个地震灾害的影响估计不足的教训，积极运用地震灾害风险普查成果，针对性地扩大地震预警覆盖范围，加强震后次生地质灾害监测，积极化解"地震-地灾"耦合风险。针对地震引发地质灾害、堰塞湖、火灾等，组织开展重特大地震地质次生灾害和重大基础设施、重点工程等风险研究，制定专项防范应对方案。加大对地震灾区及次生地质灾害应急处置的资金支持力度，确保隐患整治到位。

4. 强化房屋建筑与基础设施抗震能力建设

一是组织专业人员深入分析此次地震造成的房屋建筑与基础设施破坏的具体情况，尤其是造成人员伤亡的房屋建设场地、结构类型、建筑年代、设防水平、工程质量等特点，为今后受损建筑和设施加固拆危、恢复重建合理选址、优化结构类型等提供宝贵的经验。二是恢复重建时，充分利用好全国自然灾害风险普查、地震灾害风险调查和重点隐患排查工程成果，房屋建筑尽量避开边坡、填方地基等不利地段，针对此次地震居民自建房破坏较重的问题，要考虑统一抗震设计、统一施工建造，提高山区房屋抗震设防能力。三是交通、电力、通信、水利等基础设施设计建设时，应尽量避开地质灾害高风险区。

5. 强化基层防震减灾救灾能力建设

加强偏远山区乡镇、村庄通信设备配备，开展定期维护和测试，强化灾情速报员培训，确保灾时第一时间上报灾情信息、救灾需求。加强基层应急力量建设，深入开展防灾减灾科普宣传进机关、进学校、进企业、进社区、进农村、进家庭等活动，提升公众防震减灾和应急避险意识和能力。进一步完善社会应急力量参与重特大灾害抢险救援行动现场协调机制，加强对社会应急力量的引导规范，确保社会应急力量有序参与救援救灾行动。

内蒙古锡林郭勒中蒙边境"4·18"草原火灾应急处置案例

2022年4月18日15时，位于内蒙古自治区锡林郭勒盟东乌珠穆沁旗的中蒙边境一线发生边境森林草原火灾，中蒙双方随即开展了巡线观察、会商研判、调集兵力、堵截扑救、火场清理等一系列工作。2022年4月26日，自治区盟、旗两级组织以会议的方式开展了一战一评，分析境外火灾监测预警、联防联控、组织指挥与应急处置情况，总结灭火技战术经验和不足，不断改进火场指挥管理体系，优化森林草原火灾应急处置效能。

一、火灾概况及主要特点

(一)火灾概况

锡林郭勒盟草原面积19.2万平方千米，占内蒙古自治区草原面积的四分之一，森林面积为1.47万平方千米，北与蒙古国接壤，南与河北省承德市塞罕坝林场毗邻，是内蒙古自治区四大草原之一，也是内蒙古自治区森林草原火灾多发盟市之一。全盟边境线长1103千米，涉及旗县市区包括二连浩特市、苏尼特右旗、苏尼特左旗、阿巴嘎旗、东乌珠穆沁旗。每年春秋两季边境草原火灾时常发生，边境地区防灭火压力大，沿边境线开设边境防火隔离带845千米，其中，阿巴嘎旗215千米，东乌珠穆沁旗630千米。易过火边境线长度700千米，区域为阿巴嘎旗那仁宝拉格、巴彦图嘎、吉尔嘎郎图3个边境苏木，东乌珠穆沁旗阿拉坦合力、萨麦、嘎海乐、嘎达布其、满都宝拉格 5 个苏木镇、宝格达山 1 个林场。全盟设有 4 个边境防火站：阿巴嘎旗巴彦图嘎防火站、东乌珠穆沁旗阿拉坦合力防火站、额仁戈壁防火站和宝格达山林场防火站。

2022 年 4 月 18 日 15 时 00 分，位于内蒙古自治区锡林郭勒盟东北部东乌珠穆沁旗满都宝力格镇中蒙边境 1181 界桩北侧蒙古国发生草原火灾。火场植被多以针茅草为主且植被茂盛，牧草高度、密度和实时风速（10 米/秒）助力火势瞬间变大，气象部门发布火点监测图显示，火场面积从 30 平方千米发展至 60 平方千米仅用 80 分钟。火借风势，风助火威，实时风向、风速使境外火迅速抵近我方边境，从发现火情时火点距离边境线 10 千米至 1 千米，只用了 20 分钟。境外火对锡林郭勒盟森林草原资源及群众生命财产安全构成严重威胁。

（二）主要特点

一是气象条件恶劣。火灾发生当天，火灾发生地的最大风力可达 14 米/秒，局地伴有扬沙和沙尘暴天气，可视范围受限。

二是可燃物载量大。火灾发生地地处地广人稀区域，前一年中蒙边境地区雨水充沛，植被生长茂盛，可燃物载量大，特别是蒙方境内可燃物高度达到 30 厘米以上。

三是火场地形复杂。境外火发生地属于人烟稀少区域，地形复杂，丘陵、山地、沙丘、湿地交错。交通不便，道路状况差，大多数为草原自然路或山路，赶赴火场的路程远、时间长。

二、现场处置概况及分析

（一）应急处置概况

2022 年 18 日 15 时 10 分，东乌珠穆沁旗森林草原防灭火指挥部电话将边境火灾情况电话首报至盟森林草原防灭火指挥部办公室，随即，盟森林草原防灭火指挥部上报自治区森林草原防灭火指挥部办公室。经三级森林草原防灭火指挥部研判，均认为火灾发生时段、地段都十分敏感，社会关注度极高。自治区、盟、旗三级政府和森林草原防灭火指挥部高度重视，安排部署盟、旗两级森林草原防灭火指挥部立即启动边境森林草原火灾应急响应，盟森林草原防灭火指挥部立即派出工作组前往东乌珠穆沁旗协助开展火灾堵截扑救工作，会同东乌珠穆沁旗森林草原防灭火指挥部组成前指。

4月19日15时，锡林郭勒盟森林草原防灭火指挥部总指挥亲临一线指挥部署堵截工作。盟、旗两级森林草原防灭火指挥部调集专业扑火队伍、军、警、民及各苏木镇（场）等各方灭火力量400余人在边境一线展开堵截，历时65小时，于21日8时成功堵截蒙古国边境火灾向我方境内蔓延，解除境外火灾威胁，及时有效地保护了边境人民生命财产安全和森林草原资源安全。

（二）应急处置分析

1. 火灾初期处置情况

2022年4月18日15时，东乌珠穆沁旗森林草原防灭火指挥部接到报告后，快速部署满都宝力格镇人民政府半专业扑火队10车47人、驻满都宝力格森林消防中队5车23人、旗应急救援服务中心3车15人、旗林草局3车12人、嘎海乐苏木人民政府半专业扑火队4车20人、嘎达布其镇应急保障中队1车5人，共25车122人携带灭火装备赶赴边境线火场区域观察堵截。同时，电话上报盟森林草原防灭火指挥部办公室，盟森林草原防灭火指挥部办公室接到边境森林草原火灾后，立即召开了联指会议，成立由盟应急管理局、林草局、气象局、森林消防支队工作人员组成的火场前线工作组，赶赴一线参与指挥堵截扑救境外火。防控堵截区域为1170界碑—1185界碑。

评析：火灾初期，盟森林草原防灭火指挥部统筹考虑东乌珠穆沁旗森林草原防灭火指挥部熟悉边境火灾现场、也方便指挥调度等因素，部署东乌珠穆沁旗森林草原防灭火指挥部根据实际情况作出堵截工作部署安排，东乌珠穆沁旗森林草原防灭火指挥部立即启动四级应急响应，成立前线指挥部，旗森林草原防灭火指挥部总指挥周玉龙坐镇指挥部指挥，常务副总指挥徐颖剑带队赴前线组织指挥。部署满都宝力格镇人民政府半专业化扑火队和森林消防中队 70 余人、旗应急救援服务中心 3 车 15 人、旗林草局 3 车 12 人、嘎达布其镇应急保障中队 1 车 5 人、嘎海乐苏木 4 车 20 人，共 122 人形成第一梯队力量，观察和掌握火场态势。

存在的困难：赶赴火场时间长，道路通行能力差。火灾发生现场属锡林郭勒盟东北部，最近的苏木扑救队伍距离现场 70 千米，赶赴火场用时约 40 分钟；东乌旗扑救队伍距离现场约 160 千米，赶赴火场用时约 180 分钟；盟级扑救队伍距离 400 千米，赶赴火场用时约 270 分钟。

2. 火灾中期处置情况

结合气象部门遥感监测，蒙古国境内纵深区域火场面积约 200 平方千米，通过前线观察，靠近边境区域未有明火。尽管全旗境内没有越境火，且均在边境防火隔离带北侧可控范围内，但风力风向持续高速推动火势向我方东北方向边境线蔓延，堵截工作需要进一步加强。东乌珠穆沁旗森林草原防灭火指挥部作出第二次部署，紧急调动后续救援力量，参与火灾堵截。将原防控堵截区域（1170—1185 界碑）随风向向东延伸 80 千米（1170—1207 界碑）。

评析：根据火场态势，前指组织调动后续救援力量赶赴火场，组织扑救人员分段看守堵截，利用夜间风力减小、气温降低的有利条件，依托边境巡逻道开展对点点烧，烧出隔离带，堵截蒙古国火灾入境。

存在的困难：无法跨境扑救，导致火线越拉越长；随着时间推移，扑救难度越来越大、扑救任务越来越重，兵力部署越来越分散。

3. 响应升级处置情况

至 2022 年 4 月 19 日 15 时许，自发现明火已持续作战 24 小时，境外火势仍处在高态势蔓延趋势，特别是自 1170 界碑蔓延至 1262 界碑区域，火势明火突出、烟雾弥漫，堵截战线已拉长 160 余千米，蒙古国纵深区域明火最高以 12 千米/小时向东（兴安盟北部）方向蔓延，对东乌珠穆沁旗国家级生态林区宝格达山林场造成严重威胁。由于火线越拉越长，且火场形势越来越复杂，锡林郭勒盟森林草原防灭火指挥部提高应急响应级别，由四级应急响应升级为三级应急响应，盟森林草原防灭火指挥部总指挥亲临一线指挥部署堵截工作。

随着火势发展，森林草原防灭火前线指挥部作出重要部署，及时向前线补充扑火力量，通过现场观察与气象遥感监测相结合方式，对现场火势进行全面分析研判，下达火灾扑救决心，坚决将境外火均堵截在边境防火隔离带以北。根据火情态势明确分工堵截任务，基本形成9支堵截力量：

自西至1177界碑段由嘎海乐苏木和道特淖尔镇半专业化扑火队65人负责；

1189—1196界碑段由锡林矿业和阿尔哈达应急队30人共同负责；

1235—1241界碑段由嘎达布其镇半专业化扑火队30人负责；

1241—1247界碑段由萨麦苏木半专业化扑火队35人负责；

1247—1253界碑段由满都宝力格镇半专业化扑火队40人负责；

1253—1259界碑段由东乌珠穆沁旗应急管理局扑火队20人负责；

1259—1264界碑段由东乌珠穆沁旗林草局半专业化扑火队20人负责；

1264—1303界碑段由宝格达山林场半专业化扑火队40人负责；

森林消防队伍86人驻防宝格达山林场边境区域。

截至4月21日8时，出动半专业、专业堵截力量400余人，经奋力堵截65小时，满都宝力格镇、宝格达山林场全线已无明火。

评析：前指充分发挥指挥体系优势，灵活调动各方灭火力量，根据火场实时情况，科学决策、周密安排。前线扑火队员克服困难、不惧艰险，发扬连续作战精神，服从前指调配，有针对性地开展堵截境外火工作。

存在的困难：火场通信覆盖率无法满足火场扑救队伍第一时间可

听、可视、可传需求，扑救队伍之间交流、会商、沟通产生脱节。火灾发生区域属中蒙边境地带军事管理区，地域特殊，无法提供空中支援。

4. 火场清理和留守观察情况

4月21日8时，经奋力堵截65小时边境全线已无明火，前线指挥部决定进入火场看守阶段，安排东乌珠穆沁旗萨麦苏木、嘎海乐苏木、满都宝拉格苏木、宝格达山林场4个单位150名扑火队员携装巡线、瞭望。12时，经巡线、瞭望工作组反馈信息和气象部门气象监测数据，前指决定解除"4·18"境外火灾威胁预警和应急响应，堵截扑救任务圆满完成。

三、火灾扑救经验、教训及启示

（一）火灾堵截扑救经验

一是全时战备，闻令即动。盟旗两级森林草原防灭火指挥部及时修订完善堵截扑救方案，救援人员全员保持24小时战备，车辆、灭火机具维修保养及时，确保扑救装备车辆完好率，并不间断组织实战演练，保障了此次任务圆满完成。

二是科学部署，处置高效。各扑救小队到达火场后，第一时间与前指了解火场情况，及时组织人员进行勘察，科学部署灭火力量，盟森林草原防灭火指挥部总指挥一线指挥，针对火场态势，果断决策，依托边境巡逻路和防火隔离带，采取分段布防、逐点扑灭、对点点烧方法堵截抵境火，确保解除火灾警戒和隐患。

三是信息通联，汇报精准。在火场获取信息方面，安排专人专车巡回检查，负责及时掌握火场各类信息，并反馈前指；要求火场各扑火分队每1小时实时报送一次火场相关信息，为前指决策提供切实可靠依据。前指安排专人收集整理火场信息，高效汇报火场信息和队伍动态。参与扑救队员不怕困苦、鏖战火魔，充分展现了良好的战斗作风，进一步检验了队伍遂行任务能力，得到了各级组织和人民群众的一致好评。

四是严密组织，安全顺利。此次火灾扑救工作是 2022 年春防首次遂行的中蒙边境灭火扑救任务，正值党的二十大召开之年，各级指挥员始终把安全工作放在第一位，牢固树立安全第一的思想。此次灭火作战任务，道路复杂，军警民各级组织始终坚持把安全放在第一位，在机动过程中，搞好轮换休整和道路安全提醒，确保了机动过程的全程安全；在灭火作战过程中，各级领导始终全程跟随、一线指挥，针对火场态势，夜间及时派出观察员，时刻提醒安全事项，时刻保持高度警惕，确保不盲目作战，圆满完成了灭火任务。

五是联防联控，全时沟通。火灾发生初期至解除警戒 65 小时内，共与蒙方电话对接 100 余次，实现全时沟通，掌握火场态势第一手资料。

（二）火灾堵截扑救教训

"4·18"蒙古国边境草原火灾应急处置中未发生人员和牲畜伤亡。盟旗两级森林草原防灭火指挥部克服各种困难，协调组织各方力量科学部署、合力扑救、巡线排查、清理火场等工作。在火灾应急处置过程中也存在不少问题，需要我们优化提升。

一是火灾扑救指挥的链条不清晰。在"4·18"蒙古国边境草原火灾应急处置中，由于战线长、通信网络未能全覆盖，各支扑救队伍之间、队伍与前指之间无法第一时间顺畅沟通，相互存在脱节现象。

二是专业队伍兵力不足。"4·18"蒙古国边境草原火灾火线长达 410 千米，投入扑救专业力量 86 人。

三是无法跨境扑救，导致火线越拉越长。随着时间推移，扑救难度越来越大、扑救任务越来越重，兵力部署越来越分散。

（三）火灾堵截扑救启示

一是加大公网建设力度。锡林郭勒盟区域面积大，地广人稀，公网建设覆盖率低，虽然盟委、盟行署积极协调内蒙古自治区人民政府，为锡林郭勒盟争取边境公网基站建设 26 座，但由于锡林郭勒盟边境线长，公网覆盖盲区多，建议从国家层面予以支持。

二是加大卫星通信采购配备力度。在边境一线扑火作战中，卫星通信是火灾现场通信的主要手段。但各级采购配备较少，目前还达不到每支扑火队伍遂行灭火作战任务的需求。

三是加强森林消防队伍建设。锡林郭勒盟面积20.3万平方千米，森林消防支队官兵为375人，特别是春秋两防紧要期，任务繁重、人员紧缺，建议建强森林消防救援队伍。

四是建立跨境灭火机制。总结多年来边境森林草原火灾扑救过程，火灾由小变大的原因以及扑救边境火灾付出的代价，结果都是我们只能在边境一线进行堵截，不能过境及时扑救，从而造成人力、物力、财力的重大投入。建议从顶层建立健全中蒙联防合作协议和跨境灭火作业紧急绿色通道机制，确保我方队伍能第一时间赶赴蒙方火灾现场进行扑救。

西藏林芝"10·27"森林火灾
应急处置案例

2021年10月27日12时45分许，林芝市察隅县控挡村发生森林火灾，火场距中印边境实际控制线直线距离约95千米、中缅边界直线距离约25千米，且党的十九届六中全会即将召开，时段、地段都十分敏感，社会关注度高，扑救压力大。火灾发生后，国家森林草原防灭火指挥部、应急管理部、自治区高度重视，应急管理部迅速派出督导组奔赴一线靠前指导，林芝市立即启动应急响应，第一时间成立了扑火前线指挥部，分析研判灾情，调集森林消防专业队伍、军、警、民等各方力量1600余人，历时12天，在高原地区、复杂环境、极险地域上，连续打赢了"县城保卫战""北线攻坚战""飞火场歼灭战"，最大限度降低了损失，是一次"靠人力"扑灭森林火灾的典型战例。

一、基本情况

火场东线紧临察隅河和公路，西线山顶为雪山，南、北两线为主要发展方向，3千米范围内有2个村庄，其中，桑久村10户60人、控挡村119户493人。地域特殊，察隅县与印度、缅甸接壤，全县面积3.2万平方千米。地理位置特殊，火灾扑救不及时很容易蔓延，造成财产损失和人员伤亡；地形复杂，察隅县地处横断山脉西段，是典型的高山峡谷和山地河谷地形，平均海拔2800米，空气稀薄，山高谷深、沟壑纵横、垂直高差大，陡坡、断崖、狭窄山脊、单口山谷、

110

小地形等高危环境随处可见，滚石倒木多，遂行灭火任务"集团"作战队伍难展开，安全隐患大；气象多变，受高山峡谷地形影响，气象多变，小气候明显，午后风大，容易产生乱流，看似不大的火点烟点，遇陡坡、沟谷等小地形和大风天气，很容易转化为高强度火行为，发展迅猛，"灭火窗口期"难以把握；资源富集，察隅县林木蓄积量1.2亿立方米，森林覆盖率60%，毗邻的伯舒拉岭是重点保护的原始林区，动植物资源非常丰富，生态地位举足轻重；力量薄弱，察隅县常住人口仅2.8万人，GDP在12亿元左右，生产生活以林区为主，灾害防控力量薄弱，短时间内难以调集大量人力、物力高效处置。

二、作战行动经过

（一）初期扑救阶段，建机制

火灾发生后，扑火前线指挥部及时分析研判火情，建立了以森防、消防为主的救援行动组，以公安牵头的交通管制组，以及相关业务部门负责的协调组、舆情管控组、后勤保障组、气象预报组、通信保障组、医疗救治组、群众组等，第一时间组织当地森防、消防、军警民前往处置，及时将火势发展主要方向的桑久村10户49人转移至安全地带，控挡村119户493人做好了随时转移的准备，在南北两线开设了两条隔离带，利用消防水车和架设水泵对公路沿线和隔离带两侧可燃物进行了增湿作业，确保了火场周边群众安全和防止火势快速蔓延。

28日在大风的作用下，南侧火势越过山脊逼近隔离带；北侧火线，在五级以上阵风的作用下，越过隔离带，快速发展，自由蔓延，给整个灭火行动造成了被动局面（图1）。

评析：扑救前期，指挥不够顺畅，个别参战力量执行力不强，前指开会定下来的事落实不了；从市里调来直升机，当晚前指开会决定在开阔地域挖掘蓄水池，利用水泵注水，供直升机定点取水，结果飞

图 1　火场形成火爆，高强度立体燃烧

机来了水坑始终没挖，又不能冒险到峡谷取水，未能参与作战；各参战力量配合不够紧密，专业力量不足，未直接扑打火线，整体扑救行动不够高效；因时间紧、地形窄制约，隔离带开设宽度、长度有限，火线在大风作用下，突破隔离带。火灾初发阶段，属地政府要建立统一的扑火前线指挥部，统筹各方扑救力量，明确分工，压实责任，并加强督导，确保指挥机构高效运行，各参战力量尽快进入战斗。

（二）重点攻坚阶段，保县城

10 月 30 日，南侧火线距察隅县城仅 10 余千米，如得不到有效控制，继续发展将越过隔离带，直接威胁县城安全，保卫县城、保护人民群众生命财产安全成为当务之急，必须将火势阻击在隔离带以北。按照"集中用兵、阻击南线、保卫县城"的作战决心，森防昌都支队 90 人部署火场南线依托隔离带阻击火线，林芝支队 145 人部署西南方向追击火头，驻军、群众按照参战队员 1∶1 比例配属行动。南线队伍利用储水池开设供水阵地 4 个，分段架设水泵，采取"多点突入，分段围歼"战术扑打明火，配属力量负责清理火线；西南线采取"三级供水，纵深灭火"战术追击火头，配属力量负责灭火装备运送；梯次增援到位的特勤、日喀则、那曲大队 200 人全部第一时间投入阻击战斗；消防救援队伍 90 人沿线部署，移动供水、增湿作业。历经 2 昼夜艰苦作战，于 31 日成功阻歼南线火场，打赢了县城保卫战。

评析：应急管理部督导组到达火场后，明确了扑火总要求，督促健全扑火前线指挥部组成，协调制定扑火总方略，仅用2天时间就控制了南线火势发展，确保了县城安全。分析其原因，主要有3个方面：一是时刻把人民群众安危放在第一位，在南北两线火势同时发展的情况下，采取打隔结合战术，优先考虑人员聚集区，打南阻北，主动出击，集中攻坚。二是前指火场勘察细致，我情、火情、社情掌握全面，火势判断准确。在指挥行动上抓住了森林消防队伍最高指挥员这个核心，统一指挥调度各方扑救力量，确保了指挥顺畅；在扑救方向上抓住了重要目标这个关键，突出了保卫县城（图2）；在力量运用上抓住了专业队伍这个重点，将森林消防专业力量全部一次性投入南线，打火头、攻险段、守重点，确保了集中用兵一次奏效。三是森林消防指战员组织严密、纪律严明、令行禁止，克服了高寒缺氧、山高路险、行动困难等不利因素，发扬了"两不怕"精神，连续奋战。

图2　守卫重点目标，阻击火势向察隅县城方向发展

（三）合力制胜阶段，打北线

随火势发展，只有总方略坚定，主攻方向、主保方面不含糊，才能坚定各线指挥机构、各级指挥员的信心和决心。10月31日下午，火场风力骤增，北线发生火爆，热对流产生的飞火越过第二道隔离带，在火线前方1.3千米处形成新的火点，呈扩大态势，隐患极大。前指判断，火势一旦翻越北侧山脊，前方地形更为复杂，直接扑打危险性更高，火势控制更加困难，随即采取现地与无人机相结合方式，对隔离带两侧再次进行全面勘察。分析认为，火线虽然已越过隔离带，整体向山下蔓延，火强度虽高，但发展较慢，灭火力量可依托隔离带接近火线，不存在被大火围困的风险，遂决定，在距离第二道隔离带以北10千米处，依托有利地形开设第三道隔离带稳妥兜底的前提下，森防林芝支队、昌都支队继续固守南线确保县城安全，特勤、那曲、日喀则大队200人集中兵力，实施攻坚。那曲大队部署在第二道隔离带南侧扑打下山火，特勤、日喀则大队部署在第二道隔离带北侧追击火头，利用储水池在山脚下开设一级供水阵地2个、二级供水阵地6个，采取三级供水方式，串联架设水泵50台，供水线路4条，铺设管带300根，追歼北侧火头。消防总队180人利用消防车为我部持续移动供水。经进一步勘察火场，火场侧下方有山上雪水流经山谷，具备以水灭火条件，排除火爆和高强度燃烧可能带来的直接危害灭火队员安全的隐患，11月3日，成立突击队，在悬崖沟谷绝壁地形中架设水泵，追击飞火，连续奋战10余小时，彻底歼灭了飞火场，守住了第二道防线，为灭火作战提前取得全局性胜利起到了决定性作用（图3）。同时，西侧火线逐步接近山脊雪线，东侧火线则在大风的作用下，随时有突破察隅河的危险，根据这一新情况，督导组组长向消防总队下达了死看死守的死命令，100名消防救援人员全线部署察隅河东岸，沿公路24小时不间断巡查并持续洒水作业，增加沿线可燃物湿度，洒水总量超过500吨，坚决完成了"看西守东，防突破"的战略目标。11月4日，火场全线无明火，但火烧迹地内仍有零星烟点，在高温大风的作用下，隐火暗火极易引发复燃，必须全部彻底清理。参战队伍按照"分片包干、拉网排查"的方式，对火场进行全面清理。至11月7日，火场全线实现"三无"，即无烟、无气、无明火。

图3　高危险极限战斗，扑打悬崖火

评析：分析战斗过程，主要有3个特点。一是战机把握好。飞火越过第二条隔离带后，前指及时深入现地细致勘查，在全面分析地形、气象、火势和力量的基础上，果断出击，牢牢抓住了11月3日火场风力减弱、沟谷内湿度相对较大的有利"灭火窗口期"，派出45人突击队，利用绳索攀上悬崖，架设供水系统，歼灭了悬崖火，赢得了火场控制权（图4）。二是战法运用好。准确把握了以水灭火的最佳手段、最佳地段和最佳时段，科学指挥、精准扑救、高效协同，在极险地域利用储水池开设供水阵地32个，架设输水线路10余千米，用最快的速度实现了火场"三无"，最大限度确保了安全，提高了灭火效率。三是协同配合好。按照专业队伍打火头、攻险段，半专业队伍跟进清理，群众运物资、守火场的协同战术密切配合。特别是消防救援总队利用消防车辆为森林消防队伍移动供水充足，保证了不间断持续灭火；气象部门每天3次发布火场气象预报，为参战力量安全行动提供了支撑；三大运营商在现场建立公网系统，以确保信息畅通。四是底线思维把握好。打火工作也要有底线思维，保底是前提，尽早围控可以达到事半功倍的效果。火场形势是一个不断变化的过程，要牢固树立底线思维，把握底线工作，扑火前线指挥部时刻关注火场动态，在总攻北线的同时，坚决堵住东线防止跑火，为全局胜利守住了底线。

开设第三道隔离带

图 4　多点出击，合力攻坚，立体作战，决战决胜

三、经验总结

一是牢固树立"两个至上"理念，坚决守住安全底线。森林灭火是高危作业，不存在绝对的安全，要本着对灭火队员生命高度负责的态度，尽心尽力抓安全，最大限度保安全，无论任何时候、任何情况下都不能以牺牲指战员安全为代价，要明白不是所有的火都能直接打，遇到高危火环境，能上则上，能避则避，绝对不能盲动；要明白森林损失是有价的，人的生命是无价的；要明白打火的指挥员脑子里不能着火，要慎之又慎，特别是行动进入攻坚阶段，连续奋战带来的极度疲劳，容易使指战员思想产生麻痹，忽略对火场环境的观察、分析和判断，增加安全隐患。30 日 11 时 30 分许，我们在北线扑打悬崖下 300 米火线时，崖体在长时间高温烘烤后，热胀效应导致崖体崩落，队伍及时避险，紧急撤离，大块滚石顺势向下砸落，从 10 余名灭火队员头顶、身边飞过，险些酿成人员伤亡。作为火场指挥员，必

须时刻保持清醒，牢固树立火情不明先侦查，气象不利先等待，地形不利先规避的理念，接近火线要提前选择安全的撤离路线，设置安全避险区域，任务中要派出观察员，对火场进行全时全域观察，遇有风向变化、火势增强及时发出预警信号，按既定的路线撤离。另外，道路交通安全不容忽视，在人员运输过程中，路窄弯急、道路结冰、连夜开进、疲劳驾驶、风雪交加，容易出现交通事故，成百上千的队伍都在往山区开进，不管是国家队还是地方队，一定要慎之又慎，开进和撤离都要注意安全，防止出现救灾的变成灾，救小灾变遇大难。

二是强化火场管控，确保步调一致行动。29 日，侦查组向火场纵深勘察、部署力量时，遇见一领导带多人正在半山腰点火，紧急询问得知是在"以火攻火"，震惊了我们、吓坏了我们，这与前指决心不符，且一旦火势烧起来，极有可能烧到正在一线作战的队伍，造成重大伤亡。我们及时向前指报告此情况，纠正此问题，特别是在督导组的直接督导下，在随后的战斗中，指挥、行动、协同变得更加高效。救援工作中，也常遇到前指下达了命令，说有几百人甚至上千人配属清理、看守或保障，实际情况是"上山热闹，下山没人，上报数字喜人，实际没多少人"的尴尬。针对这样的情况，我们在实际任务中也研究了一些行之有效的办法，如要抓住在一线带队的村民委员会主任、乡镇长、主管副县长等领导，尽量和我们的一线指挥员捆在一起行动，负责配属力量的管理，实现真有力量、真有配属、真能配合。扑救森林火灾初期就要建立统一高效运转的前方指挥机构，明确责任分工，严肃战场纪律，加强现场督导，确保行动统一，持续保障到位。同时，前指总指挥指挥决策要科学，下令要果断，执行要坚决。

三是充分发挥专业力量作用，让专业的人干专业的事。救援过程中，有些领导心情急切，急于催促救援队伍上一线，这样的事情虽然是极个别的，但却反映了一些领导干部在救援现场急于救援的心态。术业有专攻，专业救援，是有效救援的前提，更是安全救援的基础，扑救森林火灾要将专业队伍最高指挥员纳入前指，担任专业副总指挥，要相信专业队伍的专业素质，赋予作战行动指挥、力量部署、战术运用的话语权。扑救森林火灾和其他灾害救援相比有着其自身的特点，任务区域更大、调动资源更多、参与力量更广、作战时间更长，在灭火任务过程中，统筹性工作更多，要求更高。属地领导应将重点放在救援安全上，多做统筹性、协调性、督导性方面工作，救援具体行动突出专业队伍、专业人员，这是实事求是。

四是密切关注舆情动态，主动引领宣传导向。这次火灾发生在党的十九届六中全会即将召开之际，时间节点敏感，扑救初期，宣传报道口径不统一，媒体报道满天飞，给救援工作带来了被动。前指要重视舆情管控，统一信息报送口径和发布途径，主动发布扑救信息，引导媒体树立正确、正能量的舆论导向，将灭火救援一线的战斗行动和感人事迹宣传出去，让全社会关注灾情的同时，更加关心救援人员，支持救援工作。

五是做好统筹规划，加强防火基础设施建设。察隅这场火发生在原始林区，火场植被茂密，腐殖层厚，垂直高差大。风力灭火可燃物易滚落引发新的火点，且不能一次奏效，易复燃，以水灭火是最佳的灭火方式，灭得高效、灭得彻底。以水灭火的前提是水源，关键是如何把水源不间断地送到火场。这场火扑救过程中，水源距火场远，是最大的难题，架设水泵向火场直接供水需要大量的水泵，且费时费力，我们采取消防车转运的方式解决了这一难题，但从长远看，转运水源受道路条件影响较大，火场没有道路时就无法实施。要加强防火基础设施建设，在重点林区和火灾高发区修建防火公路、隔离带和储水池，达到点多、线长、面广的目的，便于扑救力量依托防火公路快速展开，采取固定水源与移动水源相结合的方式取水，通过防火隔离带架设水泵接近火线，实现高效扑救目标。同时，现代化装备在火场上发挥了不可替代的作用，尤其是直升机、无人机、全地形车等特种装备的广泛运用，有效提升了森林灭火能力。据统计，2015年以来，在相同时间、相同地域、相同气候、相同植被条件下，使用特种装备扑救的火灾，灭火时间大大缩短，大部分火场实现了"当日火，当日灭，零伤亡"。特别是飞机和无人机，在高山林区灭火中具有不可替代的优势：一是受地形影响小，可用于直接扑打人力难以到达区域的火线，避免人员直接作战的风险；二是灭初发火速度快，初发火通常呈点状或带状，火势弱，空中一桶水洒下来，可以彻底灭掉；三是空中侦察观察不可替代，飞机观察更加直观、准确、快捷，甚至可以直接进行空中指挥；四是空中输送功能不可替代，如原始森林中的兵力投送、崇山峻岭中的物资运输、火线发展前方预先布设水囊等，只有飞机能够完成。

扑救森林火灾是一种由政府主导、消防主战、多方力量参与的大规模救援行动，无论火场大小，都是在当地政府统一领导下完成的。这种救援行动的优势在于能够高效指挥各职能部门，第一时间调动社会各方力量，举全社会之力参与扑救。

南海"7·11"遇险渔民救援行动案例

2019 年 7 月 11 日 6 时，海南琼海籍渔船"琼琼海 01039"轮从南沙捕捞作业返航至中沙海域时遇险沉没，船上 32 名渔民失联。海南省应急管理厅接报后，快速响应，主动联合驻琼某部、驻湛某部、海警部门、海南海事局、南海救助局、香港航空救援飞行服务队等单位，先后协调各类飞机 8 架、各类船舶 16 艘，历经 8 小时的应急搜救和 27 小时的安全转移，成功将 32 名遇险渔民救回海南岛。

一、基本情况

1. 事件渔船情况

"琼琼海 01039"轮系木质渔船，建于 2000 年 10 月 23 日，船长 26.2 米，船宽 6.56 米，型深 3.48 米，主机功率 474 千瓦，总吨位 168 吨，属于刺网兼杂渔具作业类型；船上按规定配备救生筏 2 件、救生圈 3 个、救生衣 22 件、中高频通信设备 2 部、甚高频通信设备 2 部、卫星示位标 1 个、雷达应答器 1 个、艇筏双向无线电话 2 台、航行警报接收机 1 台。

2. 事故位置

渔船"琼琼海 01039"轮位于东经 112 度 58 分 56 秒，北纬 13 度 21 分 14 秒，在距离三沙永兴岛以南 210 海里处遇险沉没。

3. 事发地气象及环境情况

经气象信息查询，事发海域自 11 日 8 时起 24 小时内，多云，风向 220 度，4~5 级，浪高 1.3~1.6 米，最大波高 2 米，能见度 5~12 千米。

4. 事故原因

渔船"琼琼海 01039"轮在南沙和西沙分界处突遇西南季风，被约 2 米以上海浪冲击，船体首部第 3 个舱灰缝脱落进水，舱板裂开，大量海水涌入首部船舱，引起渔船艏倾，后面活鱼舱的水和渔获物因船头失衡后都向船头方向倾倒，导致船头下沉。

二、事件主要特点

1. 突发性强、发展迅速

遇险渔船只是在南沙和西沙分界处突遇西南季风，被约 2 米以上海浪冲击，导致船舱裂开进水，现场及时组织抽水处置无效后，船长迅速组织所有渔民登上 5 艘附属作业小艇逃生，渔船大约在人员逃生 5 分钟后沉没，事故发展迅速，如不及时组织逃生，将导致人员沉船遇难。

2. 救援力量有限，协调难度大

海上遇险发生区域具有不确定性，救援力量难以快速到达，只能依靠事发区域附近的船舶和巡航时间长的飞机进行搜索救援，而且这些都需要通过多部门的联合，协调难度大。

3. 定位难度大，搜救范围广

渔船遇险，船长果断按下北斗监控"报警"键，发出遇险位置，但组织人员登小艇逃生后就失去联系，小艇在风浪和洋流的作用下，位置漂浮不定，搜救的范围极广。

4. 救援环境复杂，搜救难度极大

受事发地海况不可预测、气候条件等因素影响，以及救生艇点小，海上能见度低，人员位置难以定位、通信联络不畅及海上救生技术难度大等实际情况，搜救工作犹如大海捞针，难度极大。

三、救援处置经过

（一）报警、接警与响应

11 日 6 时，"琼琼海 01039"轮渔船遇险，在自救无望时，船主莫太秀及时将渔船遇险情况电话报告琼海市海洋执法大队岸台，报告后果断组织渔民登上 5 艘附属作业小艇逃生，但在海上失联。岸台值班员立即通过 12395 向海南省海上搜救中心报告救助情况。

海南省海上搜救中心接报核实险情后，立即按照《海南省海上搜救应急预案》启动 I 级响应，协调所有可协调的资源投入搜救行动，并向中国海上搜救中心、海南省人民政府报告，同时向省应急管理厅、南海救助局、省海洋渔业总队、海南海警局、南部战区、香港海上救援协调中心、广东及广西海上搜救中心、国家海洋局南海分局等单位通报情况寻求支援，协调组织各单位在遇险人员情况不明的情况下尽最大可能投入救助力量。

（二）救援处置

一是召开救援协调会，迅速部署应急救助工作。获悉遇险事件发生后，分管副省长在海南省应急管理厅组织海南海事局、省农业农村厅、省交通厅、省气象局、省海洋预报中心、三沙市政府、琼海市政府等单位召开"琼琼海渔 01039"轮海上遇险救援工作部署会，协调各方力量参与应急救援。

二是协调派出救援力量，全力做好应急救援工作。接到事故信息报告后，海南省应急管理厅分别函告驻琼和驻湛某部，请求派出空中救援力量和舰船参与搜救工作，驻琼某部调派 6 架飞机和 8 艘渔船，驻湛某部派出 3 艘船舶参与搜救；海南海事局立即调派"南海救116"轮从永兴岛启航前往事发海域搜救，协调香港飞行服务队派出R45 固定翼救助飞机和"B7136"救助直升机前往事发海域搜救；中国海上搜救中心协调途经事发海域的中国远洋海运集团所属"远洋湖"轮、"西湖"轮 2 艘商船改变航向前往事发海域搜救；广东省海上搜救中心协调在事发海域附近的渔船"台沙2001"轮前往事发海域搜救。

三是建立通信联络，强化救援辅助支撑。事发后，海南省海上搜救中心协调国家海洋局南海分局，提供遇险位置气象海况信息，并对遇险人员漂移轨迹进行预测。驻琼某部现场搜救飞机与"远洋湖"轮油船建立通信联络，并引导该船向救起32名中国渔民的越南籍渔船"广义96169"轮靠近，为圆满完成救援任务提供了强有力的辅助支撑作用。

最终，遇险的32名渔民被就近的越南籍渔船"广义96169"轮救起，后经接力转移至"南海救116"轮，人员均安全。12日17时18分，"南海救116"轮抵达三亚救助基地码头，救助行动圆满完成。

（三）辅助处置

险情核实后，海南省海上搜救中心视频连线中国海上搜救中心并保持实时在线，为信息沟通奠定了基础。中国海上搜救中心、省海上搜救中心、中国远洋海运集团等工作人员与"远洋湖"轮建立了微信群，实现了国家、省、现场三级沟通渠道，建立起实时沟通平台，有效提升了信息传递效率。

救援过程中，海南省政府和海南省海上搜救中心及时抽调宣传部门人员负责配合新闻媒体的采访报道，中央电视台、中新社、海南日报、海南电视台等权威主流媒体记者在海南省应急厅指挥中心和海南海上搜救指挥中心跟踪报道，中央电视台记者两次与北京演播室视频连线直播，传输救援处置信息，为搜救工作高效开展营造良好氛围，正向引导各类舆情信息。

救援行动圆满完成后，中国海上搜救中心向越南海上搜救中心送达了感谢信，海南省政府及时向参与救助单位表达了感谢。

四、主要启示、不足及工作建议

（一）主要启示

这次海上大救援行动是国家机构改革后，海南省应急管理厅第一次参与的大型海上救援行动。救援过程中，各级领导靠前指挥、上下联动、左右协调；交通运输系统、应急管理系统及各救援力量积极响应、通力协作、密切配合，成功处置"7·11"海上遇险事故，安全救回我省 32 名遇险渔民。

一是生命至上、各级高度重视是成功救援的动力。事件发生后，按照"人民至上，生命至上"的原则，国务院领导，交通运输部、应急管理部及海南省委省政府主要领导同志高度重视，分别作出了重要指示和批示。分管省领导分别到海南省海上搜救中心、驻琼某部指挥中心指导救援工作。各级领导的高度重视、正确领导和高效的组织救援，体现了对人民生命财产的关心和爱护，为各方救援力量注入了强大的精神动力。

二是快速反应、多方联合是成功救援的关键。此次渔船遇险事件事发突然，险情就是命令，时间就是生命。驻琼某部、驻湛某部、中国海警及中国海上搜救中心、广东省海上搜救中心、广西壮族自治区海上搜救中心、香港海上救援协调中心和中远集团等相关单位接报后快速反应，分别协调和派出力量进行搜救。政府主导协调，部门密切配合，部队大力支援、企业积极参与，国际联合营救的模式，成功完成救援行动。

三是立体搜救、科学指挥是成功救援保证。各救援力量接到救援指令后，立即协调并派出力量前往遇险海域进行搜救。海上救援力量有某部船舶 3 艘、专业救助船 1 艘、民兵渔船 8 艘、商船 2 艘、社会渔船 2 艘，共计 16 艘；空中救援力量有某部飞机 6 架和香港飞行服务队固定翼救助飞机 1 架、南海救助局救助直升机 1 架，先后出动各型飞机 10 批 12 架次，通过海空一体化搜救，确保了救援工作科学高效。

四是密切配合、接力救助是成功救援的根本。在确认 32 名渔民被越南籍渔船"广义 96169"轮获救后，分管副省长、海南省应急管理厅主要领导先后利用卫星电话指挥"远洋湖"轮开展救援工作，驻琼某部飞机实时连续引导"远洋湖"轮前往事发海域，并靠近越南渔船成功转运 32 名遇险渔民。考虑到三亚无可供"远洋湖"轮安全锚泊的锚地，经再次评估决定由专业救助船"南海救 116"轮再次转运 32 名遇险渔民，并安全送抵三亚救助基地码头。

五是闻令即动、部队支援为成功救援发挥重要作用。海南省应急管理厅接报遇险信息后，厅主要领导第一时间将险情通报给驻琼某部领导，驻琼某部指挥中心迅速响应，按照"边行动、边报告"的原则，立足最复杂最困难的局面，迅速调派多架次飞机，飞抵事发海域参与搜救，并空投了一批救生物资，以最快速度提供空中搜救情报，践行了以人民为中心的发展思想，创造了军地应急救援协作联动范例，为成功救援作出重要贡献。

（二）存在不足

一是指挥机制不健全。此次险情遇险人员达 32 人，属特别重大海上突发事件。事发后，党中央、国务院、交通运输部、应急管理部、海南省委省政府高度重视，海南省应急管理厅和海南海事部门全程协调组织应急救援及善后工作，分管副省长坐镇省应急厅指挥中心指挥整个救援处置过程。虽然未出现人员伤亡的情况，但在险情发生时，由于政府有关部门和部队均处于改制阶段，搜救成员单位、人员均发生较大变化，各方之间联络对接不顺造成指挥协调过程中出现指挥机制不健全、指令传递不顺畅、指挥不统一、令出多门等问题。

二是基础设施仍需加强。南海范围广阔，部署的专业救助力量有限，救助飞机、船舶等配备基础设施薄弱，专业救助直升机无法直接抵达事发海域，需协调在永兴岛机场补给后才能继续飞行，并且救援飞机面临空域管制程序较多，协调办理此类程序耗时较长，较大程度影响海上应急救援的效率。此外，西沙、南沙值守的专业救助船从停泊区域出发前往事发海域航程远，无法第一时间抵达事发海域，都是影响此次救援行动的难点问题。

三是安全责任落实不到位。遇险船长称，渔船遭遇大风浪是造成船舶进水沉没的主要原因。但据气象部门预测信息，以及当时航行于事发海域的"远洋湖"轮回传的现场照片、视频都能佐证事发时的海况及天气均较好，未出现船长声称的大浪、恶劣天气。综上可以推测，渔船沉没可能与船方未遵守航行和作业的安全操作规则有关，船主落实生产安全主体责任不到位，渔民安全意识有待加强。

（三）工作建议

一是完善救助协调机制。地方应急管理部门要进一步理顺与省海上救助有关单位的组织指挥关系，充分发挥各职能部门的优势强项，形成救援处置合力，共同做好海上应急救援工作。

二是加强救援基础设施建设。海上搜救部门要利用在南海方向增建船舶自动识别系统（AIS）基站、设立海岸电台等手段扩大海上通信能力覆盖面，强化过往船舶应急通信能力。推动西沙、南沙应急救助码头、救助船舶、通信设施、船舶监控等设施设备建设，不断提升海上应急救援能力。

三是强化渔船渔民安全责任落实。地方渔船监管部门要进一步加强渔船应急设施设备的配备，强化渔民安全意识教育，提升渔民海上自救能力。加强渔船安全监督，强化渔船渔民安全生产主体责任落实，减少海上渔船险情的发生，保障渔民生命财产安全。

巴基斯坦特别重大洪涝灾害应急处置案例

2022 年 6 月中旬，巴基斯坦的汛期较往年提前来临，陆续出现 10 余次持续性强降雨过程，使巴基斯坦遭受毁灭性的特大洪灾。这场洪灾造成巴基斯坦三分之一的国土被淹，大量人员伤亡，严重影响人民生命财产安全和当地经济社会发展。通过对巴基斯坦 2022 年特别重大洪涝灾害的应急救援与处置情况进行分析，探讨总结经验教训，不断优化突发事故现场管理体系，改进应急管理工作。

一、巴基斯坦基本情况

巴基斯坦位于南亚次大陆西北部，南濒阿拉伯海，东、北、西三面分别毗邻印度、中国、阿富汗和伊朗。全境五分之三为山区和丘陵，地形总体西高东低、北高南低，北部地区海拔高于 6000 米，从北到南递减，大部分地区海拔低于 3000 米。巴基斯坦境内印度河流域主干流是印度河（Indus），左岸主要支流有萨特莱杰河（Sutlej）、杰纳布河（Chenab）、拉维河（Ravi）、吉拉姆河（Jhelum）等，右岸主要支流有喀布尔河（Kabul）、古马勒河（Gomal）等。

巴基斯坦年降雨量空间分布不均，由北向南总体呈现"少—多—少"态势。降雨量年际差异很大，交替的洪水和干旱年份较为常见，而且降雨分布季节性强，主要集中在 7—9 月。

二、灾害经过及主要特点

(一)灾害简要经过

2022年6月14日,巴基斯坦开始普降大雨。6月19日,巴基斯坦俾路支省西部地区的暴雨引发了洪水,一辆载有多人的小货车被洪水冲走,造成包括妇女和儿童在内的5人死亡,这件事成为本次洪灾事件的开端。

2022年7月,俾路支省因强降雨造成多人死亡,该省首先进入紧急状态。7月28日,巴基斯坦总理谢里夫召开会议,评估近期巴基斯坦暴雨和洪水造成的损失。会议表示,全国范围内的洪水和暴雨已造成356人死亡,406人受伤。

2022年8月,巴基斯坦国家灾害管理局(National Disaster Management Authority,NDMA)表示,自6月14日以来,强降雨在该国引发洪涝灾害,已造成至少1061人死亡,受伤人数为1575人,其中俾路支省、开普省和信德省受影响最为严重。巴基斯坦气候变化部长雷曼表示,该国创纪录的洪水已使三分之一的国土淹没。

2022年9月,根据巴基斯坦国家灾害管理局发布的数据,巴基斯坦因季风降雨已造成约1559人丧生,12850人受伤,超过3300万人受灾。同时,面临通过水传播疾病的威胁,仅信德省就有超过78000名患者前往当地的健康营地求医。据信德省卫生部门当日报告称,自7月1日以来,该省已经有324人死于各种疾病。

2022年11月18日,根据巴基斯坦每日季风洪水报告最后一报的灾情统计,整场季风降雨事件共造成全国1739人死亡、12867人受伤、3304.6万人受影响,在受影响的80个灾区中,有41个灾区承载着大约80万名阿富汗难民。

(二)灾害特点

一是受灾面积广。2022年,巴基斯坦西南季风的异常降雨,造成全国各地陆续发生大规模洪水、山洪暴发、崩塌等事件,将近全国

15% 的人口受到影响、三分之一的国土遭洪水淹没，四分之三的地区受洪灾影响，尤其影响俾路支省、信德省及开普省为最甚。

二是灾害持续时间长。从 2022 年 6 月 14 日到 2022 年 10 月，先后出现的 10 余次持续性强降雨造成大量人员伤亡和财产损失，除造成直接影响外，还引发了饥荒、传染性疾病等次生灾害。

三是灾害影响大。根据巴基斯坦国家灾害管理局最后一报的灾情统计，整场季风降雨事件共造成全国 1739 人死亡、12867 人受伤、3304.6 万人受影响、13115 千米的道路损坏、439 座桥梁断裂、228 万余栋房屋毁损、116 万只家畜死亡、超过 400 万英亩的农作物受损。估计经济损失高达 152 亿美元，为该国继 2010 年后最严重的洪水灾害。

三、应急处置情况

（一）洪灾前的预警工作

洪灾暴发前，巴基斯坦气象部门、国际气象组织等机构已对巴基斯坦的异常天气做出预警。

根据巴基斯坦气象部门（Pakistan Meteorological Department，PMD）的月度气候摘要显示，2022 年 5 月全国月平均气温为 30.93 ℃，比平均气温高 2.17 ℃，是自 1961 年有记录以来第五个最热的 5 月。

哥白尼气候变化服务中心（The Copernicus Climate Change Service，C3S）在其 5 月的气候公报中指出，对于巴基斯坦和印度西北部来说，春季的特点是长期热浪以及破纪录的最高和最低气温平均值。气象学家在 2022 年早些时候就已经警告说，极端气温可能会导致夏季晚些时候的季风降雨量高于正常水平。高温还加速了山区冰川的融化，增加了流入印度河支流的融水量。

世界气候归因组织（World Weather Attribution）于 2022 年 5 月 23 日发布的报告，气候变化使印度和巴基斯坦出现毁灭性的早期高温的可能性增加了 30 倍，自 3 月初以来，印度、巴基斯坦以及南亚大部分地区经历了长时间的高温，截至撰写报告时（2022 年 5 月）仍未消退。

（二）洪灾应急救援状况

1. 巴基斯坦政府的处置举措

巴基斯坦现有洪水管理体系（图 1）可概括为 5 个方面，即洪水政策、洪水法律、洪水机构、洪水规划和洪水管理措施。

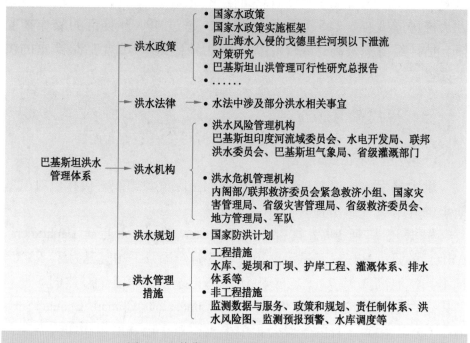

图 1　巴基斯坦现有洪水管理体系图

从具体的应急处置过程看，国家灾害管理局、洪灾应对与协调委员会、联邦洪水委员会、军队、气象局、航空和外太空研究委员会、水电发展署等机构共同参与洪灾的应急处置工作。

及时发放救助资金，成立新的协调机构。2022 年 8 月 5 日，巴基斯坦境内洪水与强降雨灾害持续不退，全国死伤人数及灾害损失继续攀升，巴基斯坦外交部正式向联合国和国际社会请求人道援助。8月24日，俾路支省政府调集所有资源用于救灾，并向省灾害管理局提供用于紧急救援的资金。8月26日，巴基斯坦总理谢里夫在视察信德省洪水灾区时宣布，为信德省提供150亿卢比的救灾款。政府在救济资金方面已支出50亿卢比，每个死者的家属都获得了100万卢比的经济援助，每个受灾家庭得到2.5万卢比，并为此拨款800亿卢比。许多民间志愿者在第一线开展救援行动，提供紧急救济。8月29日，总理谢里夫主持会议，决定成立一个国家洪灾应对和协调委员会（National Flood Response and Coordination Centre，NFRCC），该委员会将由联邦部长、军队代表、首席部长和专家组成，主要负责协调援助和救灾组织之间的联系，并对灾害的发展情况进行分析，对救灾和重建进行监测。9月11日，为确保救济资金分配的透明度，联邦政府决定设立"数字洪水仪表板"，该仪表板将向公众提供有关相关政府采取的救济措施的信息。

2. 军队的处置举措

运送救援物资，海陆空全方位参与救援。8月24日，巴基斯坦军队派出4500名巴基斯坦陆军官兵驻扎在俾路支省灾区。根据俾路支省灾害管理局的数据，救援人员已经向灾区发放555个救灾帐篷和650份食物包。8月25日，巴基斯坦政府宣布国家进入紧急状态，巴政府在所有省份部署军队帮助灾区开展救援行动。截至8月30日，陆军已派出6473名军人，而空军和海军分别派出340名和200名军人。海军和空军还共运送了大约19120升水。巴基斯坦三军共提供了4110顶帐篷、31369份食品包和1259吨口粮，还建立了119个医疗营地，以帮助有需要的人。9月11日，陆军、空军和海军共派出97架直升机进行搜索和营救活动，以及向陆路无法抵达的地区运送援助物资。

3. 中国政府的处置举措

一是及时援助应急物资。8月24日，中国外交部表示，此前已在中巴经济走廊社会民生合作框架下向巴基斯坦提供4千顶帐篷、5万条毛毯、5万块防水篷等救灾物资，决定追加援助包括2.5万顶帐篷及其他巴方急需的救灾物资，并将继续推进两国在防灾减灾和气候变化等领域的合作。8月30至31日，中国空军使用4架次运−20运输机将3千顶帐篷等人道主义救援物资运抵卡拉奇。9月3日，中国国家国际发展合作署决定向巴基斯坦追加一批紧急人道主义物资援助。

二是评估灾害情况。10月11日，中国应急管理部牵头组建的中国防洪减灾专家组抵达巴基斯坦首都伊斯兰堡，帮助巴方开展灾害评价和防洪减灾指导工作。

4. 联合国及其他组织的处置举措

一是发放救援物资，筹集重建资金。7月，联合国难民署在受难地区展开了紧急救援工作，为开普省和俾路支省的5万个受洪水影响的家庭提供了核心救援物品，同时将超过120万件救援物品分发给了受灾最严重的辛德省。8月25日，联合国启动了巴基斯坦2022年洪水应对计划，寻求8.16亿美元援助以救援受灾的950万人。8月下旬，联合国难民署捐赠了价值约2700万美元的超过120万件核心救援物资，以协助50000个受洪水影响的家庭。这些物品由省级灾害管理局进行分发，绝大多数援助物资将送往信德省最严重受灾地区。8月30日，联合国启动了一项1.6亿美元的紧急计划，帮助巴基斯坦应对当前毁灭性的洪灾，并向该国520万最脆弱的人提供紧急援助。9月2日，联合国难民署发言人索尔特马什指出，难民署正与巴基斯坦灾害管理部门进行合作，在受灾严重的开普省和俾路支省迅速发放帐篷、毯子、塑料布、水桶和其他家庭用品。8月30日，中国红十字会宣布向巴基斯坦红新月会提供30万美元人道主义现汇援助。8月31日，联合国中央应急基金（CERF）拨款300万美元，为巴基斯坦最有需要的人提供医疗、营养、食品、水、环境和个人卫生服务。9月下旬以来，联合国难民署和伙伴开始向受洪水直接影响的最脆弱的难民家庭提供现金援助，并帮助他们负担住房费用。世界银行、世界粮食计划署、亚洲开发银行都宣布提供大额的经济援助。

二是安置受灾儿童。联合国儿童基金会估计巴基斯坦全国有 1.8 万所学校受损或被毁，1600 万儿童受到洪灾影响，其中有 340 万需要人道主义援助，儿童基金会向所有受影响的省份分发了人道主义物资。

三是洪水响应基线评估。10 月，国际移民组织（IOM）在受灾最为严重的信德省也开展了洪水响应基线评估，通过构建流离失所跟踪矩阵，以确定流离失所者的返乡意愿。

5. 其他国家的处置举措

捐助救援资金，提供农作物种子。8 月 18 日，美国国务卿布林肯宣布提供 100 万美元救助巴基斯坦。8 月 27 日，英国宣布向巴基斯坦提供 150 万英镑的人道主义资金。11 月，土耳其合作与协调机构（TIKA）向数千名农民提供小麦种子，帮助他们在信德省南部和俾路支省西南部种植作物。土耳其人道主义救济基金会（IHH）在巴基斯坦有史以来最具破坏性的洪水过后，向超过 15 万名巴基斯坦水灾受害者伸出援手。自 6 月中旬开始的洪水淹没该国大部分地区直至 10 月洪水消退以来，土耳其人道主义救济基金会已分发了 13272 个食品包、1107 顶帐篷、6215 条毯子、7337 个卫生包、3000 多套厨房用品、100 个滤水器和约 4500 顶蚊帐。

四、灾害处置教训及启示

（一）灾害处置教训

从整体看，巴基斯坦政府在处置此次特大洪涝灾害时，能够协调组织各方面力量科学施救、稳妥处置，全力做好人员搜救、伤员救治、善后安抚等工作。但是，事故救援处置过程中也存在不少问题，需要引起我们重视和警惕。

1. 应对特大洪涝灾害的思想准备、工作准备不足

2010 年，巴基斯坦发生的特大洪涝灾害情况与此类似。2010 年

7月下旬到8月，印度河发生过全流域大洪水，巴基斯坦有五分之一的国土被淹，1500余人遇难。当时的媒体称之为"前所未有的洪水"。造成此次灾害的原因就是受季风雨季和雪山融水影响。两次洪涝灾害的情况类似，但未引起足够的重视。伊斯兰堡气候变化专家阿里·陶基尔·谢赫表示，"早期的（2010年）洪水本质上是河流，但政府缺乏发展规划和气候变化预警，导致该国最近发生与洪水相关的危机""面对气候异常及全球变暖的现状，巴基斯坦政府并未制定一个适应气候变化的国家框架"。

2. 信息协调不畅，应急资源调度亟待优化

巴基斯坦灾区约160座桥梁和5000千米的道路被摧毁或损坏，导致减灾和救援工作的展开异常艰难。在信息的获取及分析上，洪水导致巴基斯坦电信网络瘫痪，各方联动平台、数据库尚未构建，缺乏有效的信息整合和沟通，无法迅速、有效地将各部门、各机构反映上来的信息汇总、筛选。其信息来源渠道主要依靠救援人员的临场经验。在信息的反馈上，巴基斯坦政府没有抢占信息源制高点，无法及时地向社会公布洪灾数据、人道主义组织的捐赠数据、洪灾治理的进度等。

巴基斯坦政府在特大洪灾暴发后成立了国家洪灾应对与协调委员会。该委员会负责协调联邦和省级政府以及所有相关机构。由于洪涝灾害超出政府的救援能力，无法正确评估各地区对应急物资的需求，该委员会也就无法合理调度帐篷、毯子、饮用水、生活用品等应急物资。

3. 资金使用缺乏透明度，灾害事故的指挥链条不清晰

巴基斯坦的国家结构形式是联邦制。在此次洪灾事故中，洪水救济资金由联邦政府垄断，而恢复工作则由遭受洪水破坏的省政府负责。巴基斯坦政府制定了一项广泛的重建计划，并与国际社会分享了这项计划，但它没有具体说明资金将如何使用，哪些领域需要紧急关注，也没有制定详细的投资计划。在应对洪灾时，巴基斯坦有国家灾

害管理局、洪灾应对与协调委员会、联邦洪水委员会、军队、气象局、航空和外太空研究委员会、水电发展署等机构，但并未找到相关信息来明确最高指挥机构的归属。

（二）灾害处置启示

1. 建立健全分级分类的洪灾应急预案

受政治局势、国力的影响，外加地理环境的复杂性，巴基斯坦政府在面对特大洪灾时，缺乏可靠的风险评估和预警系统，更缺乏分级分类的洪灾应急预案。对我国而言，在新冠肺炎疫情常态化的大背景下，可能会出现地震、洪涝、地质灾害等多种自然灾害并发的情况，为了防范这种情况，需要制定分级分类的风险应急预案，包括对多灾种叠加下的组织指挥体系、工作责任、应急处置流程等各环节做出规划，运用大数据技术构建可靠的预警系统，全力保障人民群众生命财产安全。

2. 建立全过程管理的风险管控机制

巴基斯坦政府作为经常遭受洪水灾害的国家，尚未制定科学的洪灾风险管控机制，这就导致其无法高效地应对复杂问题。因此，对我国而言，要提高雨洪风险管理的过程韧性，建立风险评估、监测预警、风险控制、应急处置、灾后恢复等全过程的管理机制。一是提高预报预警的及时性和准确性。在上游洪水来临、强降水发生前及时发布明确的风险警示，并精准送达到所有单位和全体市民。二是实现对河湖水位、区域内涝、城市积涝的实时智能监测。在发布暴雨洪水预警时，及时启动河道和淀区堤防防洪抢险预案、城镇防洪排涝预案、蓄滞洪区运用预案，并对城市低洼地段、地铁、下凹桥区、隧道、排水口等各类风险点进行及时管控。三是增强洪涝灾害的应急处置能力。在洪涝风险出现后，做到多部门联勤联动、及时处置，控制灾情的发生和扩大。

3. 持续优化应急物资的配置

受特大洪灾的影响，巴基斯坦遭遇交通中断、通信中断的情况非常严重，给救援带来相当大的困难，导致救援物品无法及时送达受灾群众手中。对我国而言，在面对重大突发事故时，应采用水陆空混合救援举措，来搜寻受灾群众、投送救援物资。与此同时，应急物资配置应以信息化管理为基础，借助智能化技术提高配置效率，与社会联动实现物资的联动调配，强化标准化建设确保信息共享和标准对接，注重人才培养提升管理人员素质，以及建立评估机制持续优化系统效能。通过对应急物资配置系统的不断改进和完善，更好地应对各种突发事件，保障人民群众的生命财产安全。

4. 打造特大洪灾的韧性防治体系

应从工程措施和非工程措施两个方面提出城市暴雨洪涝韧性防治体系，两类措施相互补充，综合协同提高城市洪灾防治韧性（图2）。工程措施可划分为洪涝韧性防治规划设计策略和城市建设策略，前者

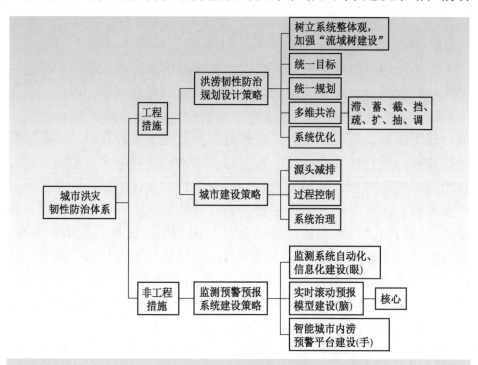

图2　城市洪灾韧性防治体系

不是单一的而是多元共生的，通过"滞、蓄、截、挡、疏、扩、抽、调"等具体手段实现；后者按照"源头减排、过程控制、系统治理"理念系统谋划。随着物联网、大数据技术的快速发展，非工程措施可实现从"眼、脑、手"三方面构建预警预报系统，实现城市洪涝智慧管理。

图书在版编目（CIP）数据

重特大灾害事故应急处置典型案例／应急管理部干部培训
学院编．--北京：应急管理出版社，2024（2024.11 重印）
ISBN 978-7-5237-0537-7

Ⅰ.①重…　Ⅱ.①应…　Ⅲ.①灾害—救援　Ⅳ.①X4

中国国家版本馆 CIP 数据核字（2024）第 089564 号

重特大灾害事故应急处置典型案例

编　　者	应急管理部干部培训学院	
责任编辑	郭玉娟　肖　力　王一名	
责任校对	孔青青	
封面设计	解雅欣	

出版发行　应急管理出版社（北京市朝阳区芍药居 35 号　100029）
电　　话　010-84657898（总编室）　010-84657880（读者服务部）
网　　址　www.cciph.com.cn
印　　刷　北京鑫益晖印刷有限公司
经　　销　全国新华书店

开　　本　710mm×1000mm¹/₁₆　**印张**　9　**字数**　139 千字
版　　次　2024 年 6 月第 1 版　2024 年 11 月第 3 次印刷
社内编号　20240229　　　　　　　**定价**　56.00 元